B. Eng. Axel Jörn

Entwicklung einer Analogschaltung zur Helligkeitsregelung

Jörn, B. Eng. Axel: Entwicklung einer Analogschaltung zur Helligkeitsregelung.
Hamburg, Bachelor + Master Publishing 2015
Originaltitel der Arbeit: Entwicklung einer Analogschaltung zur Helligkeitsregelung

Buch-ISBN: 978-3-95820-324-2
PDF-eBook-ISBN: 978-3-95820-824-7
Druck/Herstellung: Bachelor + Master Publishing, Hamburg, 2015
Covermotiv: © Kobes - Fotolia.com
Zugl. bbw Hochschule, Berlin, Deutschland, Studienarbeit, November 2011

Bibliografische Information der Deutschen Nationalbibliothek:
Die Deutsche Nationalbibliothek verzeichnet diese Publikation in der Deutschen Nationalbibliografie; detaillierte bibliografische Daten sind im Internet über http://dnb.d-nb.de abrufbar.

Hermannstal 119k, 22119 Hamburg
http://www.diplomica-verlag.de, Hamburg 2015
Printed in Germany

Inhalt

Abbildungsverzeichnis und Tabellenverzeichnis

Abkürzungsverzeichnis

NBS	Northern Business School
OPV / OV/ OP	Operationsverstärker
ELKO	Elektrolytenkondensator
Poti	Potentiometer
REF	Referenzspannungsquelle

Gleichungsverzeichnis

1 Einleitung

1.1 Allgemeines

Die Ihnen vorliegende Arbeit entstand im Rahmen der „Student Consulting" an der NBS im Sommersemester 2011 im Fach Regelungstechnik für den Studiengang Bachelor of Engineering Maschinenbau mit Mechatronik. Ein besonderer Dank gilt meinem geduldigen, einfallsreichen und engagierten Dozenten Prof. Dr. Hahlweg, sowie meinen motivierten und fähigen Teamkollegen, mit denen ich die nötigen praktischen Aufbauten und Versuche zur Realisierung dieser Arbeit durchgeführt habe. Besonders möchte ich meinen Kommilitonen Dirk Glismann hervorheben, welcher mir sehr nützliche Hinweise gegeben hat.

1.2 Zielsetzung

Die Zielsetzung ist eine Helligkeitsregelung in analoger Schaltungstechnik zu entwickeln. Dabei ist vorrangig auf die Funktionalität des Reglers und die Möglichkeit der Umsetzung im Labormaßstab bei minimalen Kosten zu achten. Die Helligkeitsregelung soll designed, dimensioniert, aufgebaut, getestet und messtechnisch charakterisiert werden. Diese Arbeit stellt im weiteren Sinne eine Dokumentation dieser Konstruktionsschritte dar und wird die Funktionalität des Aufbaus belegen.

2 Grundlagen

2.1 Theoretische Grundlagen

Im ersten Teil dieser Arbeit sollen die für die angestrebte Helligkeitsregelung herangezogenen theoretischen Grundlagen kurz vorgestellt werden. Es wird ein kurzer Auszug aus relevanter Literatur der Elektro- und Schaltungstechnik gegeben und der aktuelle Stand der Technik dargestellt.

2.1.1 Symmetrische Spannungsversorgung

Um eine symmetrische Spannung zu erzeugen, wählen wir eine Schaltung aus Netztransformator mit Zweiweggleichrichter in Mittelpunktschaltung. Zur Spannungsglättung kommen Kondensatoren zum Einsatz. Die gesamte Theorie zu diesem Thema findet sich in dem Werk „Analoge Schaltungen" von Manfred Seifart auf den Seiten 591-600. Im Folgenden sollen die relevanten Fakten für das zu entwickelnde Netzteil erwähnt werden. Dabei wird nicht zu tief in die elektrotechnischen Grundlagen gegangen. Für die **Stromversorgung** von analogen Schaltungsgruppen (OPV) werden zwei symmetrische Spannungen benötigt. Es gibt einige Bauteile, welche mit unstabilisierten Betriebsspannungen auskommen. Dazu gehören z.B. Lampen und Stellglieder. Der **Netztransformator** wandelt die Netzwechselspannung in die von Gleichrichterschaltungen benötigten Spannungswerte um und sorgt für die galvanische Trennung vom Netz. Zur Gleichrichtung kleiner und mittlerer Leistungen werden meist **Siliciumzweiweggleichrichter** verwendet. Diese sollen bei Abschalten des Transformators evtl. auftretende Spannungsspitzen über die Gleichrichterdioden und den Ladekondensator begrenzen und beiden Halbwellen einen Stromfluß durch den Lastwiderstand bzw. durch die Glättungskapazität einbringen. Für unsere Stromversorgung wollen wir den Gleichrichter in Mittelpunktschaltung einsetzen. Eine negative Ausgangsspannung lässt sich mit der Schaltung durch Umpolen der beiden Dioden erzeugen. So erhalten wir eine erdsymmetrische Ausgangsspannung mit gleichen Daten wie die Mittelpunktschaltung für eine Ausgangspolarität. Eine Darstellung dieser Schaltung befindet sich unter Kapitel „3.3 Netzteil". Die Vorteile dieser Netzteilkonfiguration sind eine bessere Ausnutzung der

Transformatortypenleistung, eine kleinere Amplitude und höhere Frequenz der Brummspannung. Außerdem eignet sich dieses Design für zwei Ausgangsspannungen unterschiedlicher Polarität. Der **Glättungskondensator** zum Betrieb elektronischer Schaltungen muss die pulsierende Ausgangspannung des Gleichrichters in eine möglichst „glatte" Gleichspannung umformen. Bei einer stromführenden Diode lädt sich C auf und speichert Energie, die bei gesperrter Diode an den Lastwiderstand R_L abgegeben wird. Auf diese Weise erreicht man, dass kontinuierlich Strom durch R_L fließt. Die unten stehende Grafik stellt das Blockschaltbild und die Ausgangspannung dieser Schaltung dar. Die Größe des Ladekondensators ist so zu wählen, dass die Welligkeit (Spitze-Spitze) der Kondensatorspannung zwischen 5 und 20% der Gleichspannung bei Volllast liegt. vgl. [SEI, 1996]

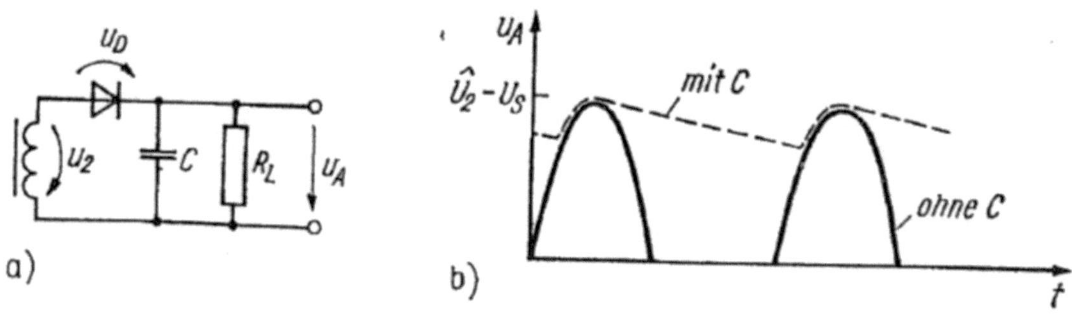

Abb. 1: Einfluss eines Glättungskondensators auf Sinusspannung vgl. [SEI, 1996]

2.1.2 Theorie des Operationsverstärkers (OPV) und dessen Rückkopplung

Ein Verstärker dient dazu, Spannungen oder Ströme zu verstärken. Klassische Verstärker leisten dies mit ihrem inneren Aufbau. Operationsverstärker enthalten einen Differenzverstärker und einen nachgeschalteten, meist mehrstufigen Verstärker. Diese führt zu dynamischer Instabilität und dient zur Schwingungserzeugung. OPVs haben einen unendlich hohen Eingangswiderstand (Impedanz) und einen Ausgangswiderstand der gegen null geht. Die Wirkungsweise des Operationsverstärkers jedoch wird durch die äußeren Beschaltungselemente[1] bestimmt. Der OPV ist ein aktives Bauelement und in der Lage, seine Eingangssignale bis zur Höhe seiner Versorgungsspannung zu verstärken[2]. Einen unbeschalteten OPV bezeichnet man auch als Komparator. Ist die Spannungsdifferenz an invertierenden (+) und nichtinvertierenden (-) Eingang positiv, liefert der OPV eine Ausgangsspannung etwas niedriger der positiven Versorgungsspannung. Ist die Differenz der Eingangsspannung negativ, geht das Ausgangssignal in den negativen Anschlag etwas oberhalb der negativen Versorgungsspannung. Seine Funktionsweise wird durch die Beschaltung von invertierenden (+) und nicht invertierenden (-) Eingang und seinem Ausgang definiert. Eine wesentliche Beschaltung ist die Verbindung von Ausgang auf den invertierenden Eingang. Diese nennt man Gegen- oder Rückkoppelung. Wenn das rückgeführte Signal das Eingangssignal schwächt, spricht man von Gegenkoppelung (negative Rückkoppelung); wenn es das Eingangssignal verstärkt, liegt Mitkoppelung (positive Rückkoppelung) vor. Die folgende Formel stellt den Rückkoppelungsfaktor (k) eines invertierenden Verstärkers[3] dar. Und die nächste Abbildung zeigt das Schaltsymbol eines einfachen OPVs und den „Power Operational Amplifier TCA 1365 B" der Firma Siemens. vgl. [ZEN, 2010], [SEI, 1996]

$$k = -\frac{R_2}{R_1} \tag{2.1.2}$$

[1] Widerstände, Kondensatoren und andere passive Bauelemente

[2] Eine 1:1 Verstärkungsschaltung nennt man „Rail to Rail" Operationsverstärker.

[3] Invertierender Verstärker: positive Spannung im Eingang liefert eine negative Spannung im Ausgang.

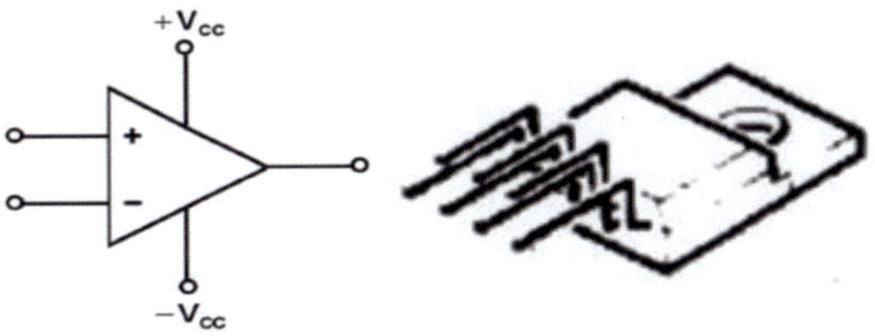

Abb. 2: Operationsverstärker mit seinen Anschlüssen & der TCA 1365 B von Siemens vgl.[OPV, 2010]

2.1.3 Der Miller-Integrator und der Spannungsteiler

Durch frequenzabhängige Gegenkoppelungsnetzwerke lassen sich mit OPVs die bekannten Reglertypen, z.B. P-, I-, PID-Regler, realisieren. Ein nahezu idealer Integrator entsteht durch einen über einen Kondensator gegengekoppelten invertierenden Verstärker. Wenn man einen Integrator gegenkoppelt, verhält er sich bei sinusförmiger Eingangsspannung wie ein Tiefpass[4]. Bei konstanter Eingangsspannung muss der OPV, um seine Eingänge auszugleichen, immer höhere Spannungen aufbringen, weil sich der Kondensator auflädt und eine Gegenspannung aufbaut. Im theoretischen Fall würde der Vorgang unendlich lange andauern können, während die konstanten Ausgangsspannungen gegen unendlich gehen würden. In der Praxis hat der OPV seine Grenzen durch die Versorgungsspannung. Diese Schaltung integriert ein anlegendes Signal über die Zeit und gibt das Ergebnis ununterbrochen aus. Die nächste Abbildung soll dies verdeutlichen. vgl. [SEI, 1996]

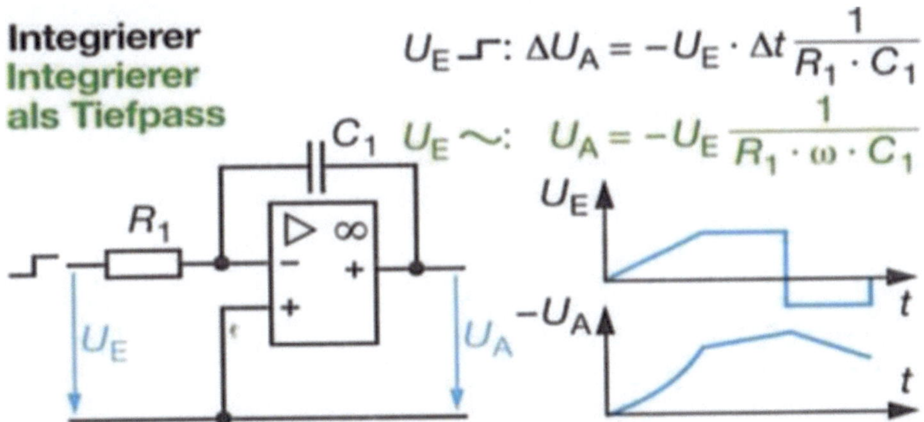

Abb. 3: Integrator mit Formel für Übertragungsfunktion bei Rechteck- & Sinussignal vgl. [BRE, 2009]

Die Übertragungsfunktion ergibt sich aus der Verstärkung des invertierenden Verstärkers (vgl. Gl. 2.1) durch Ersetzen von R_2 durch $\frac{1}{j\omega C}$ zu: vgl. [SEI, 1996] & [URL 1]

$$H(\omega) = -\frac{1}{j\omega RC} = -\frac{1}{j\omega T} \tag{2.1.3}$$

Für die Übertragungsfunktion des gegengekoppelten Integrators gilt die folgende Formel:

$$H_{ges} = \frac{1}{1+j\omega T} \tag{2.1.3.1}$$

---

[4] Tiefpass: lässt bis zur Grenzfrequenz: f=$1/2\pi RC$ tiefere Frequenzen durch.

Um das Leistungsverhältnis (P_{rel} in dB), logarithmisch darzustellen wird folgende Funktion verwendet:

$$P_{rel} = 10 \times \log 10 \times \frac{P_2}{P_1} \quad (2.1.3.2)$$

Hierfür empfehlt sich die Simulation mit einem Schematic[5] Tool für den PC. Die untenstehende Grafik zeigt eine dreifache Verstärkung von 5V auf 15V mit P-Spice. Diese Verstärkung wird über das Spannungsteilerverhältnis der Widerstände realisiert. Ein weiteres Beispiel wäre, dass aus dem Widerstandsverhältnis mit R_2=5Ω und R_3=1Ω eine sechsfache Verstärkung resultieren würde.

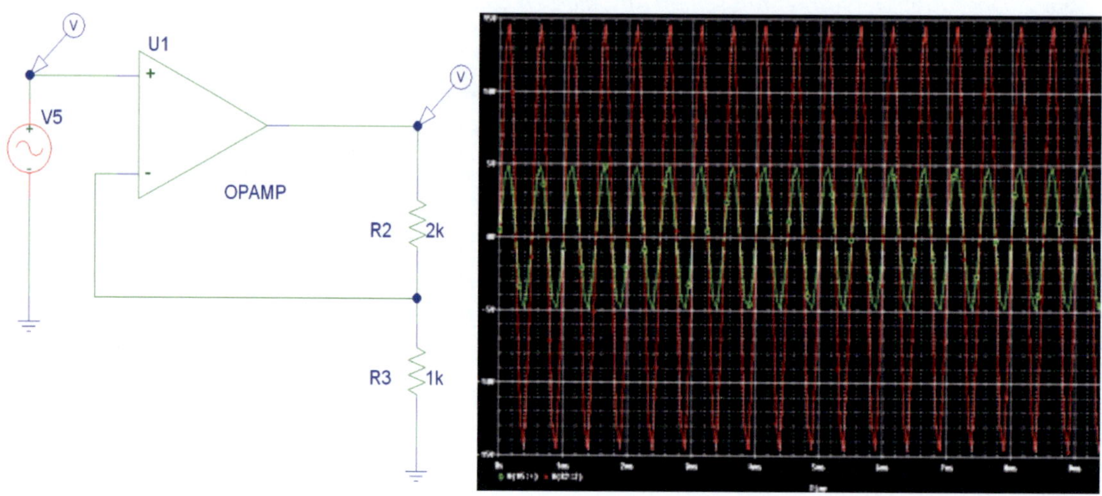

Abb. 4: P-Spice Schaltbild, Dimension und Verstärkungssimulation

Es ist möglich, einen der beiden Widerstände durch ein Messglied zu beeinflussen. Im Falle einer Helligkeitsregelung ist dies ein Fotowiderstand. Im Falle einer Temperaturregelung könnte dies ein Thermoelement sein. Mit diesen Grundlagen ist es möglich, eine einfache Regelung zu generieren.

2.2 Der Stand der Operationsverstärkertechnik

Um den aktuellen Stand der Technik darzustellen, bietet sich die Recherche im Internet an. Einen sehr guten Überblick und eine große Auswahl an Standardbauteilen der Analog- und Digitaltechnik bietet die Seite: http://www.mikrocontroller.net. Hier findet sich eine Vielzahl von kommerziellen Reglern, Operationsverstärkern, Dioden, Transistoren und Kondensatoren mit den dazugehörigen Datenblättern, Kaufpreisen und Lieferanten. Die Firma Hy-Line bietet OPVs, welche Spannungen von 100 bis 550 V und Ströme von 1,5 bis 40 A abdecken. Die zulässige Verlustleistung reicht von 29 bis zu 225 W bei kompakten Abmessungen von nur 40 x 40 bis 80 x 80 mm². Der Arbeitstemperaturbereich reicht von -40 bis 125°C. vgl. [URL 3] Auch die folgenden Internetseiten bieten eine Vielzahl von Produkten und Informationen zu diesem Thema.

http://www.mercateo.com

http://www.progshop.com/versand/know-how/op-amp.html

http://www.octamex.de/shop/

http://www.ti.com/ww/de/prod_amps.html?CMP=KNC-GoogleTI&247SEM

[5] Schematic ist English für Schaltbild: bekannte Freeware Tools: P-Spice, LT-Spice

3 Schaltungstechnische Umsetzung

3.1 Ressourcen

Für die Umsetzung des Projektes stehen die folgenden Bauteile zur Verfügung: Leiterplatten, verschiedene Transformatoren, Kondensatoren, Gleichrichter, Widerstände, Operationsverstärker, Photowiderstände und Glühlampen. Einige dieser Bauelemente sind unbekannt und müssen zuvor charakterisiert bzw. die korrekte Funktionsweise muss geprüft werden. Für die genauen Eigenschaften der Operationsverstärker stehen Datenblätter zur Verfügung. Außerdem sind typische Elektronikwerkzeuge und Messgeräte wie Seitenschneider, Lötset, Multimeter und Oszilloskop vorhanden.

3.2 Die allgemeine Blockdarstellung der Helligkeitsregelung

Die nächste Darstellung zeigt den allgemeinen Aufbau der geplanten Helligkeitsregelung und die nach der Barkhausenschen Rückkoppelungsformel $\frac{X_2}{X_1} = \frac{G_V}{1+G_V \times G_R}$ (3.2) entwickelten Übertragungsfunktion aus Integrator und Lampe. Ein Matlapfile zu Errechnung dieser Funktion findet sich im Anhang 1. Außerdem werden die charakteristischen Teile eines Standardregelkreises den einzelnen Baugruppen zugeordnet.

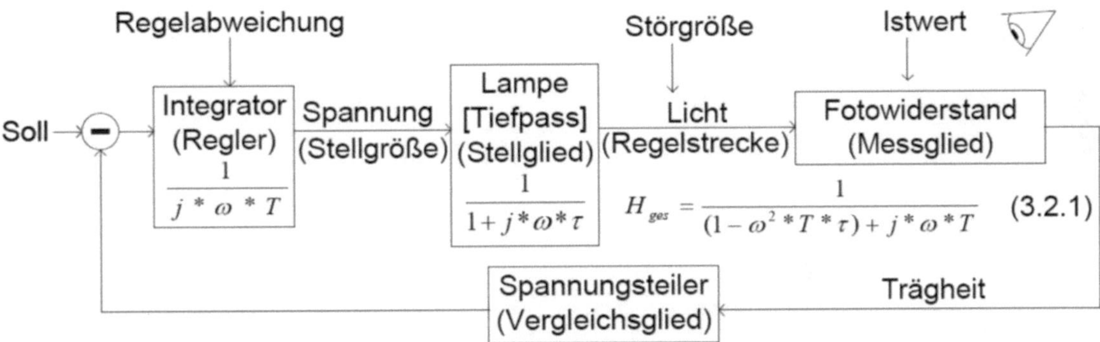

Abb. 5: Allgemeine Blockdarstellung der Helligkeitsregelung und Zuordnung zum Standartregelkreis

Im nächsten Teil werden die Eigenschaften und der Einsatz der einzelnen Bauteile und Baugruppen detaillierter beschrieben. Es soll die Herstellung der Baugruppen und der Zusammenbau selbiger dargestellt und deren Zweckmäßigkeit im Hinblick auf den Einsatz in der Helligkeitsregelung untersucht und dokumentiert werden. vgl. [SEI, 1996]

3.3 Das Netzteil zur Wechselspannungsversorgung

Um die Glühlampe und die dazugehörige Regelung betreiben zu können, benötigen wir eine 24 V symmetrische Gleichspannung. Das Netzteil hat die Aufgabe, 230V Wechselspannung aus der Hauspannungsversorgung auf 2x 12V (U_{b+} und U_{b-}) symmetrische und geglättete Gleichspannung zu wandeln. Der Effektivwert der Spannung berechnet sich aus dem Scheitelwert (Maximalwert) U_m der Sinusspannung nach der folgenden Formel:

$$U = \frac{U_m}{\sqrt{2}} \tag{3.3}$$

Wie bereits im Theorieteil erwähnt, wählen wir eine Schaltung aus Netztransformator mit Zweiweggleichrichter in Mittelpunktschaltung. Zur Glättung werden zwei Elektrolytenkondensatoren (ELKO's) verwendet. Die Spannungsversorgung soll nach den folgenden Blockschaltbild und den in der Tabelle aufgeführten Bauteilen hergestellt werden. vgl. [SEI, 1996]

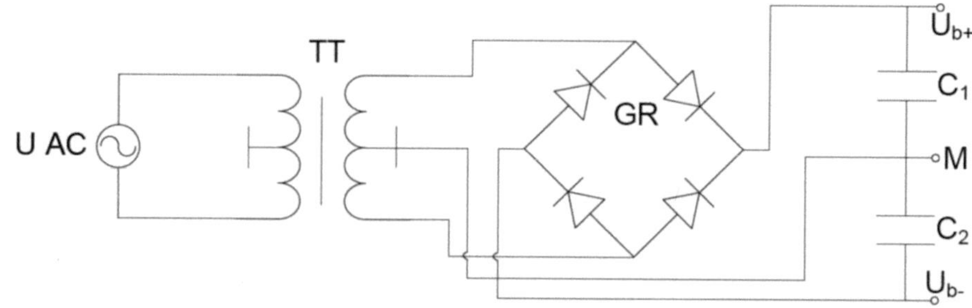

Bauteil	Bauteil Name, Hersteller, Kennnummer	Dimension	Information
U AC	Hausstromversorgung	230 V	
TT	Trenntrafo, Schäffer, BV222-1-01241		2x110V zu 2x12V, 40mA, 50 Hz
GR	Brückengleichrichter, Diotec, BC3200-2200		Datenblatt siehe: Anhang 2
C_1	Elektrolytenkondensator (ELKO)	4700µF	max. 25V & 85°C
C_2	Elektrolytenkondensator (ELKO)	4700µF	max. 25V & 85°C
U_{b+}	Gleichgerichtete symmetrische Spannung	12 V+	
U_{b-}	Gleichgerichtete symmetrische Spannung	12 V-	
M	Mittelanzapfung		

Abb. 6: Blockschaltbild & Bauteile für ein Netzteil zur symmetrischen Gleichspannungsversorgung

Die Bauteile sollen nach einer Funktionsprüfung auf eine Leiterplatte gelötet werden; dazu müssen die Löcher gegebenenfalls aufgebohrt werden. Der Transformator hat die Aufgabe, die Spannung von 230V auf 2x 12V zu wandeln. Da es sich um einen Trenntransformator handelt, muss eine Brücke auf die Eingangsseite gesetzt werden, um die getrennten Wicklungen kurzzuschließen und so 24V zu erreichen. Der Gleichrichter wandelt die Wechselspannung in eine symmetrische Gleichspannung um. Die beiden Elektrolytkondensatoren sollen die Spannung glätten und die Spannungsfestigkeit des Netzteils erhöhen. Beim Einbau der ELKO`s muss selbstverständlich auf die Einbaurichtung geachtet werden. In der falschen Richtung fließt ein Leckstrom, der die Isolationsschicht allmählich abbaut, was zur Zerstörung des Bauteils führt. vgl. [KAI, 2010] und [SEI, 1996]

3.4 Fotowiderstand

Als Messglied für die Helligkeitsmessung soll ein Fotowiderstand mit einer Spanne von 1kΩ - 1000kΩ dienen. Um diesen zu charakterisieren und seine Wirkung auf unsere 24V Glühlampe zu bestimmen, wurde folgender Versuchsaufbau vorgenommen: die Glühlampe wurde mit einem Abstand von 45cm bzw. 10cm über dem Fotowiderstand befestigt und mit verschiedenen Spannungen versorgt. Nun konnte mit einem Multimeter der von dem Fotowiderstand gelieferte Widerstand und mit einem Luxmeter die dazugehörige Lichtstärke aufgenommen werden. Es ergaben sich folgende Werte:

Spannung in V	Fotowiderstand in Ω	Lichtintensität in Lux
30,15	4563	65
25,05	8510	32
20,04	18760	13
15,02	58460	4
9,97	369500	0,6

Abb. 7: Messwerte der Fotowiderstandscharakterisierung

Die Auswertung zeigte eine unlogische Messfolge der Widerstandswerte bei der Messung mit dem Abstand von 45 cm. Möglicherweise wurde diese durch falsches Ablesen bzw. mangelhafte Protokollierung hervorgerufen. Auch ist es möglich, dass der Fotowiderstand durch Fremdlichtquellen (Taschenlampe) beeinflusst wurde. Da dieser Abstand jedoch keine ausreichende Lichtstärke brachte (0 Lux), war diese Messung ohnehin nicht brauchbar. Die Messreihe beim Abstand 10 cm zwischen Glühbirne und Fotowiderstand zeigte konsistente Werte und lieferte einen geeigneten Lichtstärkebereich. Somit können wir festhalten, dass unsere Regelung eine konstante Beleuchtungsstärke von 40 Lux bei einem Abstand von 10 cm aufrechterhalten kann. Offensichtlich handelt es sich bei dem Fotowiderstand um einen Dunkelwiderstand. Das heißt, es handelt sich um einen Widerstand, der bei steigender Dunkelheit größer wird. Durch den Abgleich des aufgenommenen Widerstands-Lichtstärkeverhältnis mit dem Datenblatt habe ich den „M9960 der Firma Perkin Elmer optoelectronics“[6] recherchiert.

3.5 Glühlampe

Um die U-I Kennlinie unserer Glühlampe aufzunehmen benötigten wir eine einstellbare Spannungsquelle und zwei Multimeter, welche nach der unten stehenden Abbildung geschaltet werden. Wir haben die in der nebenstehenden Tabelle gezeigten Werte für unsere 24V-30V Glühlampe ermittelt. Nun lassen sich Arbeitspunkt und Leistungswerte ermitteln. Nach den folgenden Gleichungen (3.5) ergibt sich damit ein Innenwiderstand von 333,3Ω. Wir setzen den Arbeitspunkt bei 15V.

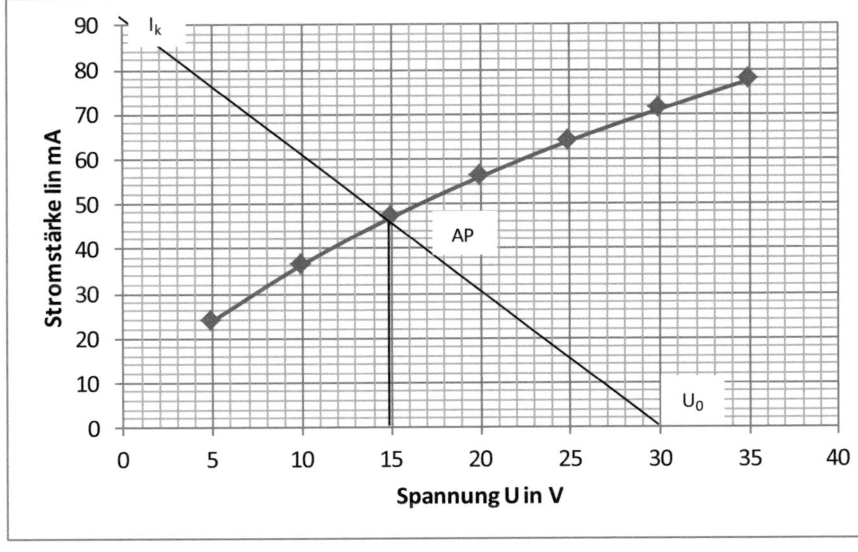

U in V	I in mA
5	24
10	36,5
15	47
20	56
25	64
30	71
35	77,5

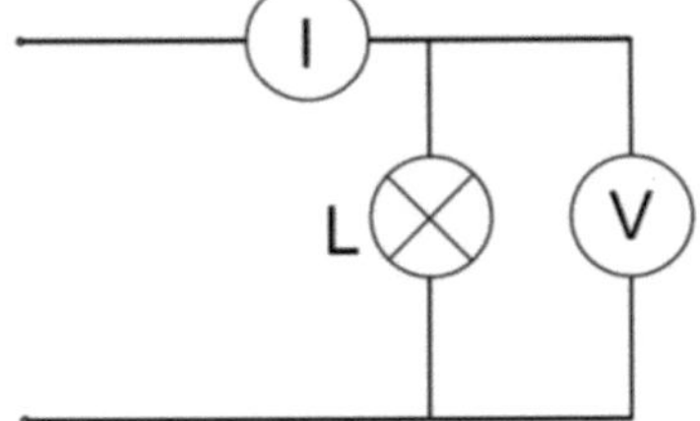

U_0=30V, U_{AP}=15V, I_K=0,093A (Gegeben)

$$R_i = \frac{U_0}{I_k} = \frac{30V}{0,09A} = 333,3\Omega \quad (3.5)$$

$$P_L = U_{AP} * I_{AP} = 15V * 0,09A = 1,35W \quad (3.5.1)$$

$$P_i = I_{AP} * R_i = 0,045A * 333,3\Omega = 15W \quad (3.5.2)$$

Abb. 8: Wertetabelle, U-I Kennlinie, Blockschaltbild und Rechnung zum Ermitteln des Arbeitspunktes.

[6] Datenblatt siehe: Anhang 3: Fotowiderstand M9960 Perkin Elmer

3.6 Integrator und Spannungsteiler

Der nun folgende Teil des invertierenden Integrators und des Spannungsteilers bildet das Herzstück der zu entwickelnden Regelung. Deren genaue Konfiguration soll experimentell ermittelt werden. Hierzu wurde im ersten Schritt das unten stehende Blockschaltbild aufgebaut und getestet.

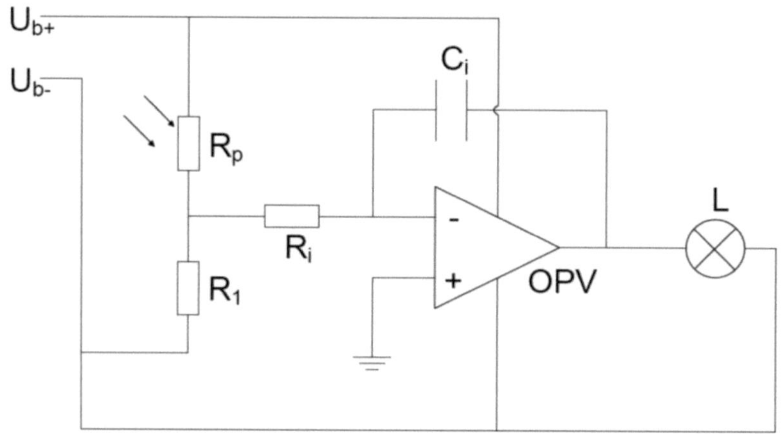

Bauteil	Bauteil Name, Hersteller, Kennnummer	Dimension	Information
R_P	Fotowiderstand (Dunkelwiderstand)	1-1000kΩ	Datenblatt siehe: Anhang 3
R_1	Widerstand	20kΩ	
R_i	Widerstand (Innenwiderstand)	1MΩ	
C_i	Kondenstor	1µF	
OPV	Operationsverstärker, Siemens, TCA1365 B		Datenblatt siehe: Anhang 4
L	Glühlampe	24-35V	
U_{b+}	Gleichgerichtete symmetrische Spannung	12V+	
U_{b-}	Gleichgerichtete symmetrische Spannung	12V-	

Abb. 9: Vergleichsglied & Operationsverstärkerschaltung zur Helligkeitsregelung & deren Bauteile

Das Vergleichsglied in dieser Schaltung wird durch den sich aus dem Widerstandsnetzwerk gebildeten Spannungsteiler verkörpert. Der OPV[7] (Operationsverstärker) ist hier als ein nicht invertierender Verstärker geschaltet und bildet den eigentlichen Regler. Ein nicht invertierender Verstärker bekommt eine positive Spannung in den Eingang und gibt eine negative Spannung aus. Die Widerstände und der Kondensator wurden gemäß der oben stehenden Tabelle in Abbildung 9 dimensioniert. Um die Spannungsquelle nicht zu stark zu belasten, muss der Innenwiderstand R_i wesentlich größer sein als die Summe aus Fotowiderstand R_p und Widerstand R_1. Zum Beispiel mindestens $R_i=10*(R_p+R_1)$. Die Trägheit T (Tau) der Regelung kann durch die Dimension von Kondensator C_i und Innenwiderstand R_i beeinflusst werden. Es gilt:

$$T= R_i*C_i = 1*10^6\,\Omega * 1*10^{-6}\,F = 1s \tag{3.6}$$

Es ergibt sich also eine Zeitverzögerung (T) von 1 Sekunde. Dieser Aufbau stellt eine bereits funktionsfähige Helligkeitsregelung dar. Der Helligkeitsbereich und die Trägheit wären in der Praxis jedoch

[7] OPV Datenblatt siehe: Anhang3 OPV TCA_1365B_0601045

nicht brauchbar. Um den Helligkeitsbereich auszutarieren, wird nun der positive Rückzweig des OPVs auf die positive Versorgungsspannung U_{b+} gebracht und in die Leitung einem Poti[8] R_v (1kΩ-20kΩ) eingebaut. Das folgende Blockschaltbild stellt dies dar.

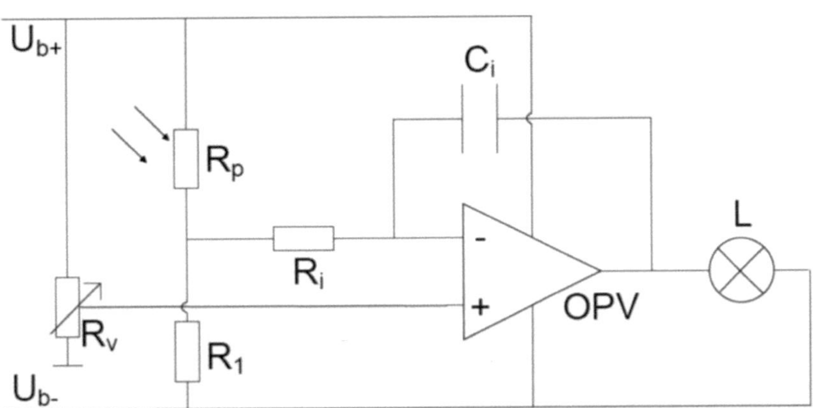

Abb. 10: Vergleichsglied, Operationsverstärkerschaltung mit Rückzweig und Poti

Die Trägheit zu beeinflussen gelingt am einfachsten über den Kondensator C_i. Wenn man diesen auf 500nF dimensioniert, erreicht die Integrationskonstante (T [Tau]) nach der Gleichung (3.6) eine Periodendauer vom 0,5s. Es ist auch möglich, die Integrationskonstante mit dem Widerstand R_i zu beeinflussen. Dabei muss man jedoch darauf achten, dass dieser noch groß genug gegenüber dem Spannungsteiler ist. Dieser Aufbau zeigte folgendes Verhalten: Die Spannungsdifferenz über die Brücke betrug bei voller Helligkeit der 24V Glühlampe -1,4V. In einem bestimmten Bereich regelte die Schaltung problemlos. Es war jedoch nur eine Helligkeitsregelung bei totaler Dunkelheit der Umgebung und bis zur vollen Helligkeit der Glühlampe möglich. Danach erlosch die Lampe gänzlich für ca. 8 Sekunden. Es liegt die Vermutung nahe, dass sich der ELKO nicht vollständig entladen hat. Der Versuch einen Filter, hierbei wurde ein weiterer Widerstand (750kΩ) zu C_i parallel geschaltet, zu platzieren brachte keine Lösung dieses Problems. vgl. [GÖE, 2006] Bei der bisher entworfenen Schaltung handelt es sich um einen stabilen invertierenden Linearverstärker mit angehängtem Tiefpass. In den nächsten Schritten wurde die Eingangsspannung des OPVs durch das Einsetzen einer Referenzspannungsquelle (LH0070) stabilisiert[9]. Für das Feintuning kommen diverse Widerstände zum Einsatz. Diese Widerstände sind abhängig vom Fotowiderstand, welcher sich bei 40 Lux auf 10-20 kΩ einstellt. Daher sollte R_1 auch auf 10-20 kΩ dimensioniert werden. Wir haben R_1=20 kΩ zugewiesen. Für die Brückenschaltung gilt die folgende Formel.

$$U_R = \frac{R_p}{R_1} = \frac{R_2}{R_v + R_3} \tag{3.6.1}$$

Ein 1000µF Kondensator (C) soll die Schaltung bei Spannungssprüngen entlasten. Das nächste Blockschaltbild stellt eine endgültige und funktionierende Regelung dar und die dazugehörige Tabelle ermöglicht die eindeutige Identifizierung und Dimensionierung der Bauteile. Somit besteht die Möglichkeit diese Helligkeitsregelung für konstante Helligkeit um ca. 40Lux nachzubauen. Diese Schaltung integriert ein Rechteck Eingangssignal in ein „Sägezahnsignal" und ein Sinus in ein Cosinus Signal.

---

[8] Potentiometer: Ursprünglicher Begriff für Spannungsteiler, Heute: Verwendung für einstellbaren Widerstand.
[9] Es wurde dadurch ein unendlich hoher Eingangswiderstand erzeugt.

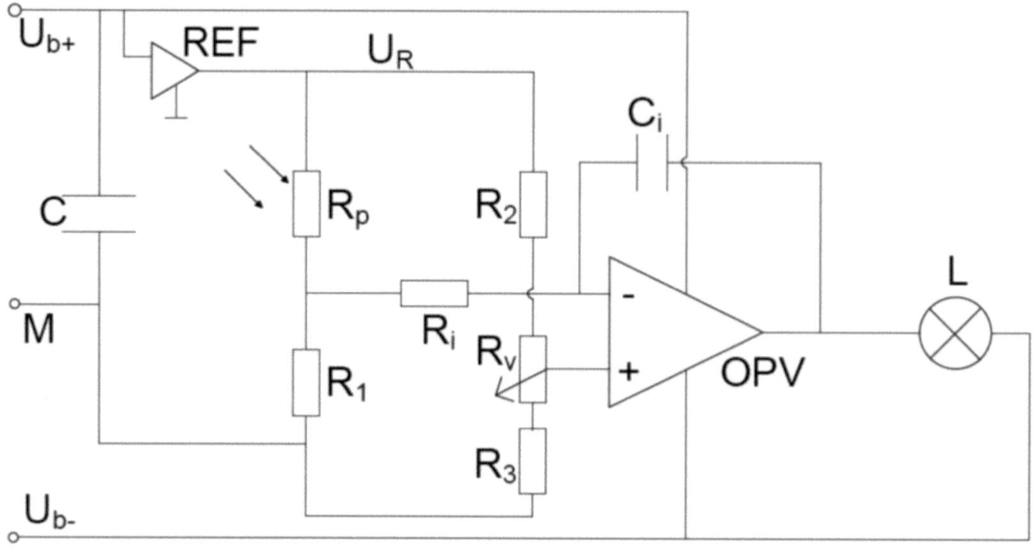

Bauteil	Bauteil Name, Hersteller, Kennnummer	Dimension	Information
REF	Referenzspannungsversorgung LH0070 B	10 V output	Datenblatt siehe: Anhang 5
C	Elektrolytenkondensator	1000 µF	
R_p	Fotowiderstand	1-1000 kΩ	Datenblatt siehe: Anhang 3
R_1	Widerstand	20 kΩ	
R_i	Widerstand (Innenwiderstand)	1 MΩ	
C_i	Kondenstor	470 nF	
OPV	Operationsverstärker, Siemens, TCA1365 B	42 V supply	Datenblatt siehe: Anhang 4
L	Glühlampe	24-30 V	1,3kΩ Leerlauf, 2W Nennleistung
R_v	Widerstand (veränderbar)/Potentiometer	1-20 kΩ	auf ca. 10 kΩ eingestellt
R_2	Widerstand	2,5 kΩ	
R_3	Widerstand	2,5 kΩ	
U_{b+}	Gleichgerichtete symmetrische Spannung	12 V+	
U_{b-}	Gleichgerichtete symmetrische Spannung	12 V-	
M	Mittelanzapfung		

Abb. 11: Blockschaltbild der vollendeten Helligkeitsregelung mit den dazugehörigen Bauteilen

4 Test und messtechnische Charakterisierung

4.1 Das Netzteil

4.1.1 Das Netzteil am Oszilloskop

Um die Funktionalität und das Verhalten des Netzteils und deren einzelne Bauteile zu bestimmen, wurde es über einen Diff Pro[10] mit der Verstärkung 1V:20V an ein Oszilloskop angeschlossen und mit der Hausspannung versorgt. Die Spannungsmessung erfolgt mit einem Vielfachmessgerät (Multimeter). Dabei wurden folgende Messergebnisse aufgenommen:

[10] Diff Pro: Dieser Tastkopf berechnet nur die Differenz einer Spannung ohne die Masse des Oszilloskopen.

Ausgang am Transformator: $\approx 35\ V$ Wechselspannung

Ausgang Gleichrichter: $\frac{35V}{\sqrt{2}} \approx 24{,}88\ V$ Gleichspannung/Brummspannung (siehe Formel 3.3)

Ausgang Kondensatoren: $\approx 25\ V$ überlagerter Wechselspannung[11] (geglättet)

Diese stellt eine geeignete Eingangsspannung für unsere Helligkeitsregelung einer 24V Glühlampe dar. Das folgende Foto zeigt die geglättete und symmetrische 25V Gleichspannung auf dem Oszilloskop.

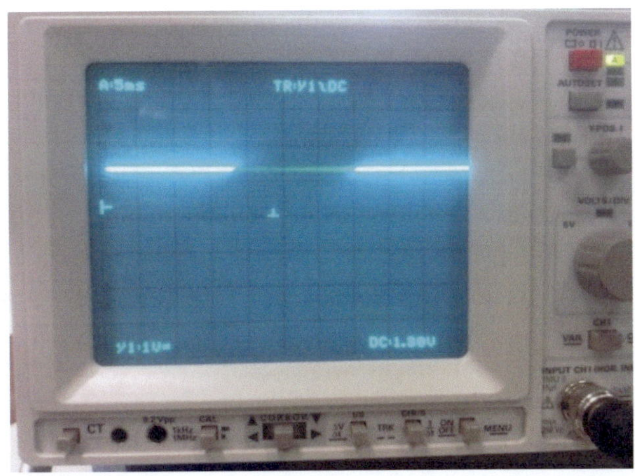

Abb. 12: 25V symmetrische Gleichspannung dargestellt auf Oszilloskop

4.1.2 Belastungstest für das Netzteil

Um das Netzteil eines Belastungstests zu unterziehen, wurde es mit dem Ausgang an einen verstellbaren 50kΩ Lastwiderstand geschaltet. Die Stromstärke und die Spannung wurden mit zwei Multimetern ermittelt. Der Testaufbau wird im folgenden Foto dargestellt. Er lieferte folgende Messergebnisse: I=0,23A & U=11,64V. Daraus ergibt sich eine Netzteilleistung P=U*I=0,23A*11,64V=2,68W. (4.1.2)

Abb. 13: Belastungstest des Netzteils mit 500Ω verstellbarem Widerstand

---

[11] überlagerter Wechselstrom = pulsierender Gleichstrom = Rippelstrom

Daraus folgt die Erkenntnis, dass das Netzteil maximal bis 50kΩ belastet werden kann. Andernfalls würde die Spannungsversorgung zusammenbrechen. Man spricht hierbei von einer hochohmigen Quelle. Für eine 24V Glühlampe mit 1,35W Leistung, welche bei einem 10 cm Abstand zum Fotowiderstand ca. 40 Lux liefern soll, ist das Netzteil jedoch ausreichend und muss daher nicht umkonstruiert werden.

4.2 Der Integrator im Einzeltest

Um das Verhalten des einfachen Integrators losgelöst von zu vielen Störgrößen darzustellen und das Verhalten des OPVs (TCA1365 B) aufzuzeigen, wurde das folgende Blockdiagram mit vorgeschalteten Potentiometer umgesetzt und mit einem Multimeter und Oszilloskopen verbunden. Bei der Gleichspannungsversorgung durch eine Laborspannungsquelle wurden folgende Werte ermittelt. Darüber hinaus wurde ersichtlich, dass der OPV das Rechteck Eingangssignal in ein Sinussignal umwandelt. Das folgende Foto soll dies verdeutlichen. Die nächste Abbildung mit Blockschaltbild und Wertetabelle soll dies veranschaulichen. Die Bauteile wurden folgendermaßen dimensioniert:

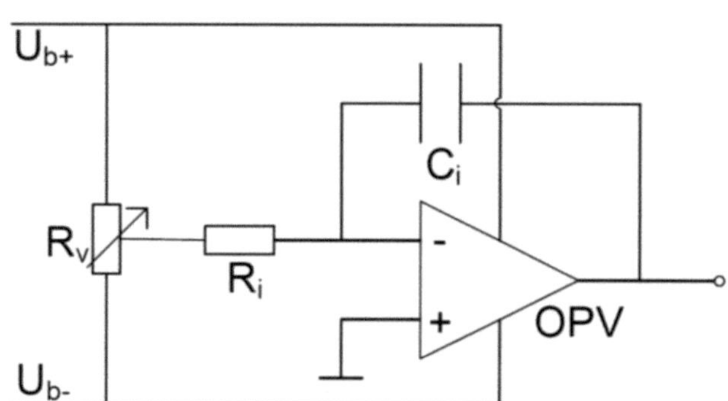

R_v =1kΩ-20kΩ, C_i = 1µF, R_i =1MΩ.

Spannung In	R_v	Spannung Out
14 V	1kΩ	0,49 V
	20kΩ	2,99 V
20 V	1kΩ	0,46 V
	20kΩ	9,4 V
24 V	1kΩ	0,46 V
	20kΩ	18 V

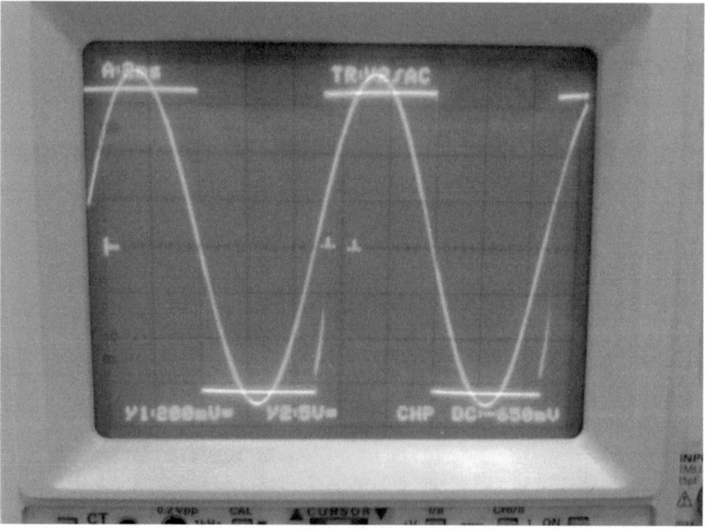

Abb. 14: Blockdiagramm, Wertetabelle und entsprechendes Signalverhalten das OPVs

4.3 Die komplette Helligkeitsregelung

Die Tabelle und das dazugehörige Diagramm auf der nächsten Seite zeigen die Messdaten der funktionierenden Helligkeitsregelung nach Abbildung 11 im Test.

Eingang OPV in V	**Spannung an L** in V	**Verstärkung** (U_L/U_{OPV})	**Lichtintensität** in Lux
1,78	11,8	6,629213483	2,3
2,05	12,36	6,029268293	2,9
2,53	13,3	5,256916996	3,9
3,08	14,09	4,574675325	5,1
3,55	14,87	4,188732394	6,5
4,03	15,64	3,8808933	8,2
4,48	16,5	3,683035714	10
4,95	17,41	3,517171717	12,5
5,53	18,32	3,31283906	15,5
6	19,42	3,236666667	20
6,48	20,56	3,172839506	25
7,03	21,89	3,113798009	33
7,5	23,29	3,105333333	42
7,98	25,5	3,195488722	60
8,45	27,71	3,279289941	84

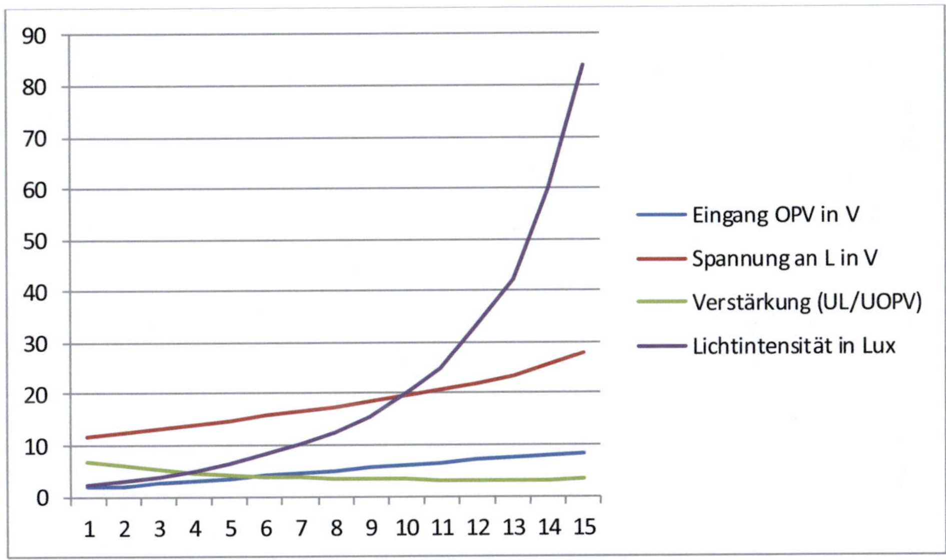

Abb. 15: Messdaten zum Funktionstest mit 10 cm Abstand zwischen Sensor und Glühlampe

Die Interpretation des Diagrammes zeigt, dass sich die Eingangsspannung des OPVs, die Spannung der Glühlampe und die Lichtintensität proportional zueinander verhalten. Das Verstärkungsverhältnis liegt zwischen 1:6,6 bis 1:3,3 und ist somit umgekehrt proportional. Die 24V Glühlampe zeigte bei 24V Eingangsspannung einen steilen Anstieg der Lichtintensität[12] (ca. 40 Lux). Gleichzeitig verringert sich das Verstärkungsverhältnisses des OPVs. Da dieser seine Grenzen bei 42V[13] hat und das Netzteil maximal 25V liefert, ist die Gesamtkonstruktion nur brauchbar in Räumen, in denen 40 Lux Lichtstärke zweckmäßig ist. Wie zum Beispiel in einem Fotolabor oder dem Terrarium eines Grottenolms. Durch den Einsatz anderer Bauteile (OPV, Netzteil und passiver Bauteile) sollte dieses Design auch höhere Lichtstärken erreichen können.

---

[12] vorgeschriebene Lichtintensität an einem Büroarbeitsplatz beträgt: 300-500 Lux. Vgl. DIN EN 1264-1 [URL 4]
[13] Siehe: Anhang 4: OPV TCA_1365B_0601045 Siemens.

5 Zusammenfassung und Ausblick

Es wurden alle Baugruppen aus der allgemeinen Blockdarstellung in Abbildung 5 für die angestrebte Helligkeitsregelung dimensioniert, simuliert, aufgebaut und getestet. Die Kombination dieser Arbeitsschritte ermöglichte die Konstruktion einer vollständig funktionsfähigen Helligkeitsregelung einer 24V Glühbirne für den Lichtstärkenbereich von 40 Lux in einem Lichtradius von 10cm. Der entwickelte Aufbau kann mit den in den Stücklisten unter Abbildung 6 und 11 aufgeführten Bauteilen nachgebaut werden. Dazu werden lediglich die im Abschnitt 3.1 unter „Ressourcen" aufgeführten Bauteile und Elektronikwerkzeuge sowie gewisse handwerkliche Grundfertigkeiten wie Löten und Verdrahten benötigt. Die Grundschaltung (Operationsverstärkerschaltung) ermöglicht die Konstruktion weiterer Regelungsaufbauten wie zum Beispiel eine Motordrehzahlregelung oder Temperaturregelung. Dazu müssten die Bauteile der Grundschaltung neu dimensioniert werden. Das letzte Bild in dieser Student Consulting Analyse zeigt die funktionierende Helligkeitsregelung im Einsatz. 10 cm unterhalb der Glühlampe sind das Luxmeter und die Kabel von Fotowiderstand zur Regelschaltung zu erkennen.

Abb. 16: Die komplette Helligkeitsregelung in Betrieb

Allgemein wird die weitere Entwicklung gekennzeichnet sein durch eine weitere Zunahme des Einsatzes integrierter Stabilisierungsbausteine. Es gibt bereits ein breites Typensortiment für alle Anforderungen. Ein zunehmender Einsatz kompakter Netzbausteine, Gleichspannungswandler und Wechselrichter. OPVs werden in Zukunft noch günstiger in der Anschaffung sein und es wird zu einem zunehmenden Einsatz von Schaltregelern und netztransformatorlosen Stromversorgungen kommen. Außerdem darf mit einer Erhöhung der Schaltfrequenz[14] (>100kHz-1MHz) und verlustärmeren Kondensatoren gerechnet werden. Weiterhin werden auch neue Konzepte von Stromversorgungseinheiten eine größere Rolle spielen. [SEI, 1996]

---

[14] Durch den Einsatz von Leistungs-MOSFETs (höhere Schaltfrequenz als Bipolartransistoren)

Literaturverzeichnis

[BRE,2009] **Brechmann, Dzieia, Hörnemann, Hübscher, Jagla, Klaue, Wickert. 2009.** *Elektronik Tabellen Betriebs- und Automatisirungstechnik.* Braunschweig : Westermann, 2009.

[GÖB,2006] **Göbel. 2006.** *Einführung in die Halbleiter-Schaltungstechnik.* Heidelberg : Springer-Verlag, 2006.

[KAI,2010] **Kainka, Burkhard. 2010.** *Lernpaket Elektrotechnik verstehen und anwenden.* Poing : Franzis Verlag , 2010.

[SEI,1996] **Seifart, Manfred. 1996.** *Analoge Schaltungen.* Berlin : Verlag Technik Berlin GmbH, 1996.

[ZEN,210] **Zentgraf, Prof. Dr. Peter. 2010.** *Operationsverstärker.* Rosenheim : Hochschule Rosenheim University od Applied Sciences, 2010.

Internetquellen

[URL 1]: http://www.amplifier.cd/Tutorial/Uebertragungsfunktion/Operationsverstaerker-Frequenzgang.html#Schaltung12

[URL 2]: http://www.mikrocontroller.net

[URL 3]: http://www.hy-line.de

[URL 4]: http://www.bgbau-medien.de/zh/z418/7_4_2.htm

Anhang

Anhang 1: Matlap Skript Übertragungsfunktion Integrator und Lampe

Anhang 2: Brückengleichrichter B40C3200_2200 Diotec
http://www.alldatasheet.com/datasheet-pdf/pdf/94236/DIOTEC/B40C3200-2200.html

Anhang 3: Fotowiderstand M9960 Perkin Elmer
http://www.tme.eu/de/Document/185030de7a5ec4e61440f243d96571cf/M996011A.pdf

Anhang 4: OPV TCA_1365B_0601045 Siemens
http://www.alldatasheet.com/datasheet-pdf/pdf/169286/siemens/tca1365b.html

Anhang 5: Referenzspannungsquelle LH0070 National Semiconductors
http://www.engineering.uiowa.edu/sites/default/files/ees/files/NI/pdfs/00/55/DS005550.pdf

Anhang 1: Matlap Skript Übertragungsfunktion Integrator und Lampe

```
T=1;

tau= 0,05;                      %Glühlampenträgheit in s

f=0.01:0.01:1000;

omega=2*pi*f;

G1   = 1./(j*omega*T);          %Integrator

G2   = 1./(1+j*omega*tau);      %Glühlampe

G3   = 1;                       %Rückzweig

G    = G1.*G2./(1+G1.G2*G3);

G_dB = 20*Log10(abs(G);

G_phi= angle(G);


figure(1);semilog(omega,G_dB), grid on;

figure(2);semilog(omega,G_phi),grid on;
```

Anhang 2: Brückengleichrichter B40C3200_2200 Diotec

Diotec B...C 3200-2200

Silicon-Bridge Rectifiers **Silizium-Brückengleichrichter**

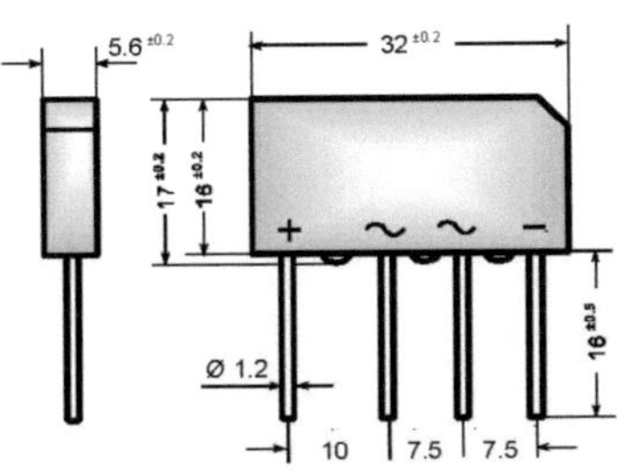

Dimensions / Maße in mm

Nominal current – Nennstrom	3.2 A / 2.2 A
Alternating input voltage Eingangswechselspannung	40...500 V
Plastic case Kunststoffgehäuse	32 x 5.6 x 17 [mm]
Weight approx. – Gewicht ca.	9 g

Plastic material has UL classification 94V-0
Gehäusematerial UL94V-0 klassifiziert

Mounting clamp BO 2 see page 26
Befestigungsschelle BO 2 siehe Seite 26

Maximum ratings **Grenzwerte**

Type Typ	Alternating input volt. Eingangswechselspg. V_{VRMS} [V]	Rep. peak reverse volt.[1] Period. Spitzensperrspg.[1] V_{RRM} [V]	Surge peak reverse volt.[1] Stoßspitzensperrspanng.[1] V_{RSM} [V]
B40C 3200-2200	40	80	100
B80C 3200-2200	80	160	200
B125C 3200-2200	125	250	400
B250C 3200-2200	250	500	800
B380C 3200-2200	380	800	1000
B500C 3200-2200	500	1000	1200

Repetitive peak forward current Periodischer Spitzenstrom	f > 15 Hz	I_{FRM}	15 A [2]
Rating for fusing, t < 10 ms Grenzlastintegral, t < 10 ms	$T_A = 25°C$	i^2t	50 A^2s
Peak fwd. surge current, 50 Hz half sine-wave Stoßstrom für eine 50 Hz Sinus-Halbwelle	$T_A = 25°C$	I_{FSM}	100 A
Operating junction temperature – Sperrschichttemperatur		T_j	– 50...+150°C
Storage temperature – Lagerungstemperatur		T_S	– 50...+150°C

[1]) Valid for one branch – Gültig für einen Brückenzweig
[2]) Valid, if leads are kept at ambient temperature at a distance of 10 mm from case
Gültig, wenn die Anschlußdrähte in 10 mm Abstand von Gehäuse auf Umgebungstemperatur gehalten werden

Characteristics **Kennwerte**

Max. fwd. current without cooling fin Dauergrenzstrom ohne Kühlblech	$T_A = 50°C$	R-load C-load	I_{FAV} I_{FAV}	2.5 A [1]) 2.2 A [1])
Max. current with cooling fin 300 cm² Dauergrenzstrom mit Kühlblech 300 cm²	$T_A = 50°C$	R-load C-load	I_{FAV} I_{FAV}	3.8 A 3.2 A
Leakage current – Sperrstrom	$T_j = 25°C$	$V_R = V_{RRM}$	I_R	< 10 µA
Thermal resistance junction to ambient air Wärmewiderstand Sperrschicht – umgebende Luft			R_{thA}	< 30 K/W [1])

Type Typ	Max. admissible load capacitor Max. zulässiger Ladekondensator C_L [µF]	Min. required protective resistor Min. erforderl. Schutzwiderstand R_t [Ω]
B40C 3200-2200	5000	0.5
B80C 3200-2200	2500	1.0
B125C 3200-2200	1500	2.0
B250C 3200-2200	800	4.0
B380C 3200-2200	600	5.0
B500C 3200-2200	400	6,5

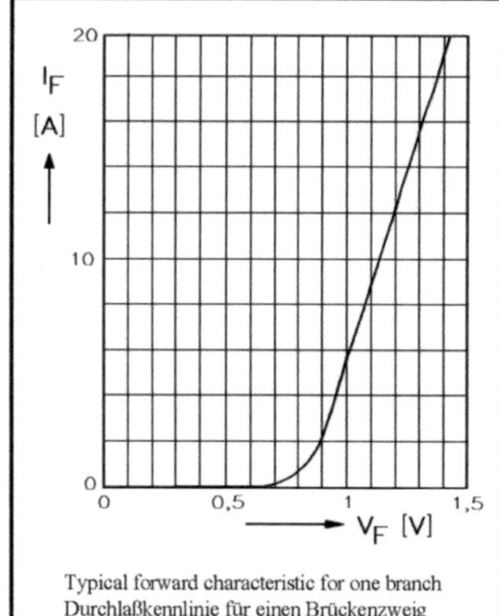

Typical forward characteristic for one branch
Durchlaßkennlinie für einen Brückenzweig

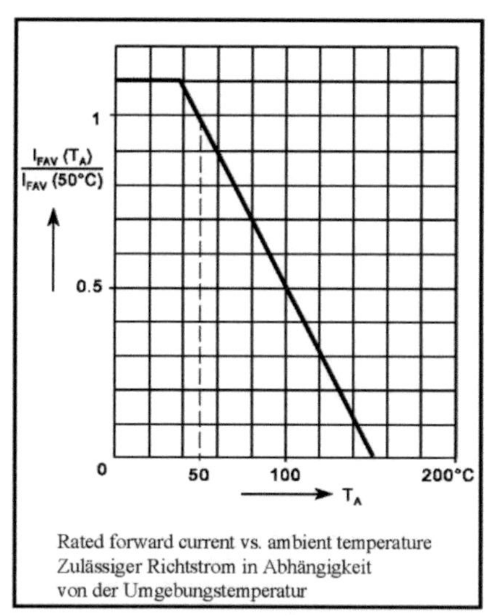

Rated forward current vs. ambient temperature
Zulässiger Richtstrom in Abhängigkeit
von der Umgebungstemperatur

[1]) Valid, if leads are kept at ambient temperature at a distance of 10 mm from case
Gültig, wenn die Anschlußdrähte in 10 mm Abstand von Gehäuse auf Umgebungstemperatur gehalten werden

Anhang 3: Fotowiderstand M9960 Perkin Elmer

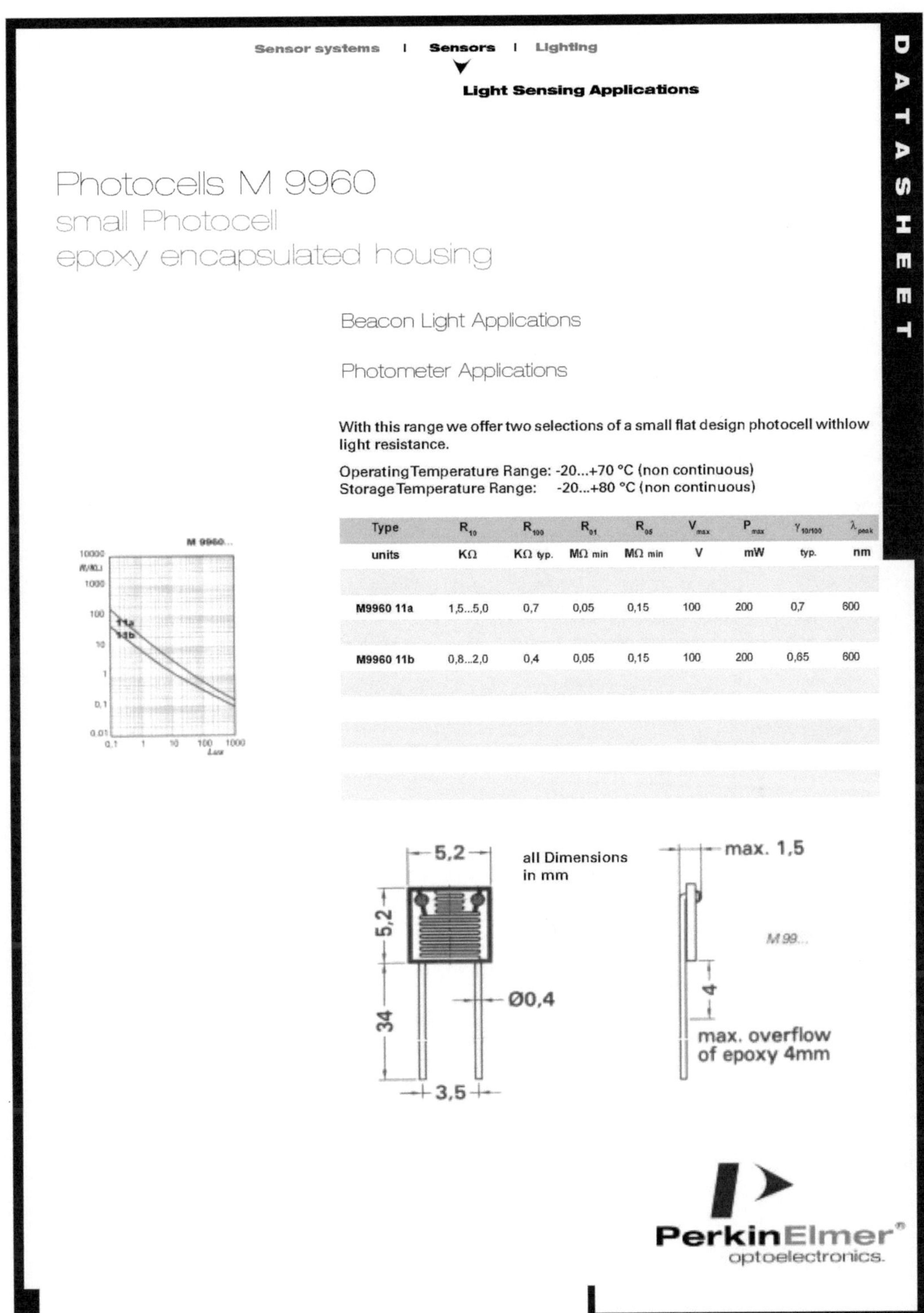

Sensor systems | **Sensors** | Lighting

Light Sensing Applications

DATASHEET

Photocells M 9960

small Photocell

epoxy encapsulated housing

Beacon Light Applications

Photometer Applications

With this range we offer two selections of a small flat design photocell withlow light resistance.

OperatingTemperature Range: -20...+70 °C (non continuous)
StorageTemperature Range: -20...+80 °C (non continuous)

Type	R_{10}	R_{100}	R_{01}	R_{05}	V_{max}	P_{max}	$\gamma_{10/100}$	λ_{peak}
units	KΩ	KΩ typ.	MΩ min	MΩ min	V	mW	typ.	nm
M9960 11a	1,5...5,0	0,7	0,05	0,15	100	200	0,7	600
M9960 11b	0,8...2,0	0,4	0,05	0,15	100	200	0,65	600

Anhang 4: OPV TCA_1365B_0601045 Siemens

SIEMENS

Power Operational Amplifier — TCA 1365 B

Preliminary Data — **Bipolar IC**

Features

- High peak output current up to 4 A
- High supply voltage up to 42 V
- Suitable up to gain of 1
- Thermal overload protection
- Internal power limiting
- External compensation
- Inhibit input
- DC short-circuit protection to $+V_S$ and $-V_S$
- Integrated clamp diodes

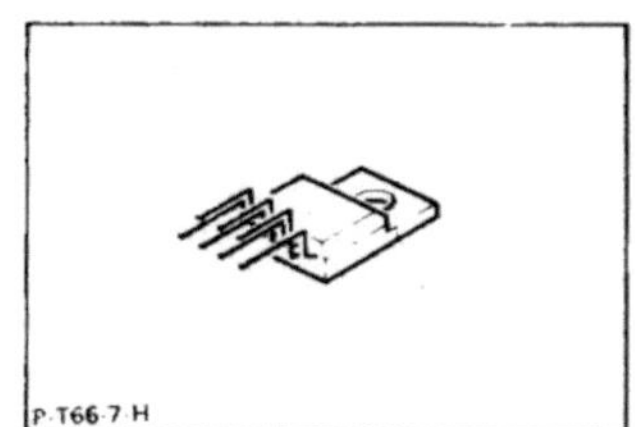

Applications

- Power comparator
- Power Schmitt trigger
- Speed control of DC motors
- Power buffer

Type	Ordering Code	Package
TCA 1365 B	Q67000-A8190	Plastic power package P-T66-7-H (similar to TO-220)

9

The TCA 1365 B is a power op amp in a plastic power package P-T66-7 H. At maximum supply voltage of ± 21 V it produces a high output current of 4 A. The op amp is protected against short circuits and thermal overload.

Pin Configuration

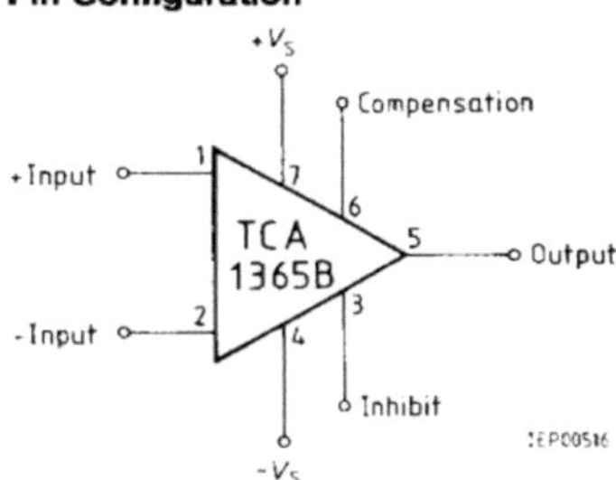

Pin 4 is electrically connected to cooling fin.

Block Diagram

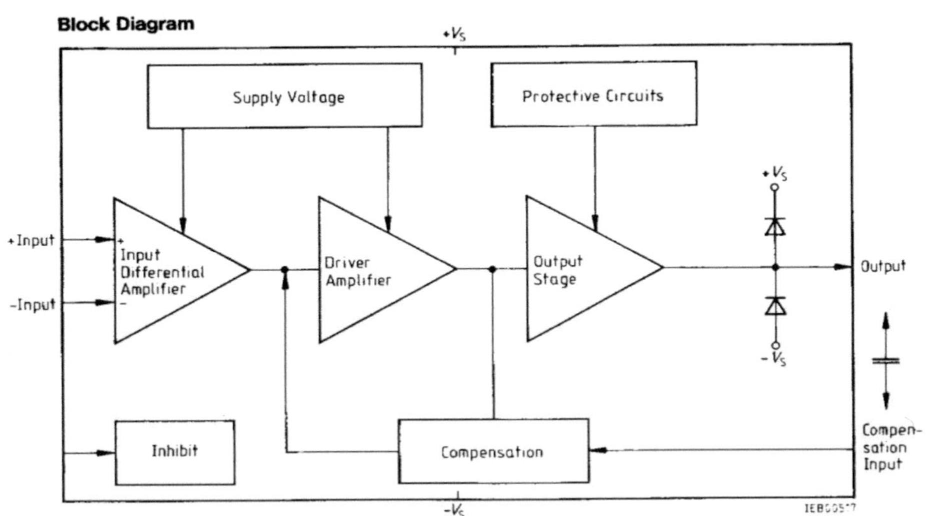

Absolute Maximum Ratings
$T_A = -25\,°C$ to $85\,°C$

Parameter	Symbol	Limit Values min.	Limit Values max.	Unit	Notes
Supply voltage	V_S	0	±21	V	
Differential input voltage	V_{ID}	$-V_S$	$+V_S$	V	
Supply current	I_S	−3.5	+4.0	A	
Output current	I_Q	−4	+4	A	
Output current	I_Q	−2		A	$V_S \geq \pm 15$ V; $V_Q < -V_S$
Output current	I_Q	−3		A	$V_S \geq \pm 10$ V; $V_Q < -V_S$
Ground current	I_{GND}	−4.0	+3.5	A	
Current Pin 3, 6	$I_{3,6}$	0	5	mA	
Power dissipation at $T_C = 85\,°C$	P_D		20	W	
Junction temperature	T_j		150	°C	
Storage temperature range	T_{stg}	−50	125	°C	

Operating Range

Parameter	Symbol	min.	max.	Unit	Notes
Supply voltage	V_S	±3	±20	V	
Case temperature	T_C	−25	85	°C	$P_D = 13$ W
Forward current of free-wheel diode	I_F		3	A	$T_{j\,max} = 125\,°C$
Thermal resistance junction – ambient	$R_{th\,jA}$		65	K/W	
Thermal resistance junction – case	$R_{th\,jC}$		3	K/W	

Characteristics

$V_S = \pm 15$ V, $T_j = 25\,°C$

Parameter	Symbol	Limit Values			Unit	Test Circuit
		min.	typ.	max.		
Open-loop supply current consumption	I_S		20	40	mA	1
Input offset voltage	V_{IO}	−10		10	mV	2
Input offset current Input current	I_{IO} I_I	−100	 0.2	100 1	nA µA	3 3
Output voltage $R_L = 12\,\Omega$; $f = 1$ kHz $R_L = 4\,\Omega$; $f = 1$ kHz	 $V_{Q\,pp}$ $V_{Q\,pp}$	 ± 13.0 ± 12.5	 ± 13.5 ± 13.0		 V V	 4
Input resistance $f = 1$ kHz	R_I	4	5		MΩ	4
Open-loop voltage gain $f = 100$ Hz	G_{VO}	70	80		dB	5
Common-mode input voltage	V_{IC}	+13/−15	+13.5/−15.1		V	6
Common-mode rejection Supply voltage rejection	k_{CMR} k_{SVR}	70 −70	80 −80		dB dB	6 7
Temperature coefficient of V_{IO} ($-25\,°C \leq T_C \leq +85\,°C$) Temperature coefficient of I_{IO} ($-25\,°C \leq T_C \leq +85\,°C$)	α_{VIO} α_{IIO}		50 0.4		µV/K nA/K	2 3
Slew rate of V_Q for non-inverting operation Slew rate of V_Q for inverting operation	SR SR		0.5 0.5		V/µs V/µs	8 9
Noise voltage referred to input DIN 45405	V_n		2	5	µV	1
Short-circuit current (S1 closed) (S2 closed) Open-loop supply current consumption (S3 open; $V_3 \geq 2$ V[1])	 I_{SC} I_{SC} I_S		 0.75 −0.75 1.5	 3.5	 A A mA	 1 1 1

Inhibit Input (pin 3)

Parameter	Symbol	min.	typ.	max.	Unit	Test Circuit
V_3 for amp off V_3 for amp on[1])	$V_{3\,OFF}$ $V_{3\,ON}$	2		 0.5	V V	1 1
Turn-on dead time $I_Q \geq 1$ A[2]) Turn-off dead time $I_Q \leq 1$ A[2])	$t_{D\,ON}$ $t_{D\,OFF}$		2 50	5 100	µs µs	1 1

9

[1]) referred to $-V_S$

[2]) S4 closed

X

Test and Measurement Circuits

Figure 1
Open-Loop Supply Current Consumption; Noise Voltage

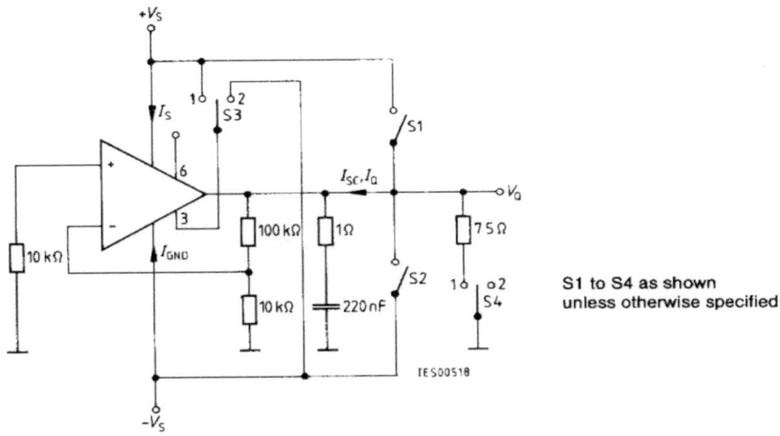

S1 to S4 as shown
unless otherwise specified

Figure 2
Input Offset Voltage, Temperature Coefficient of V_{IO}

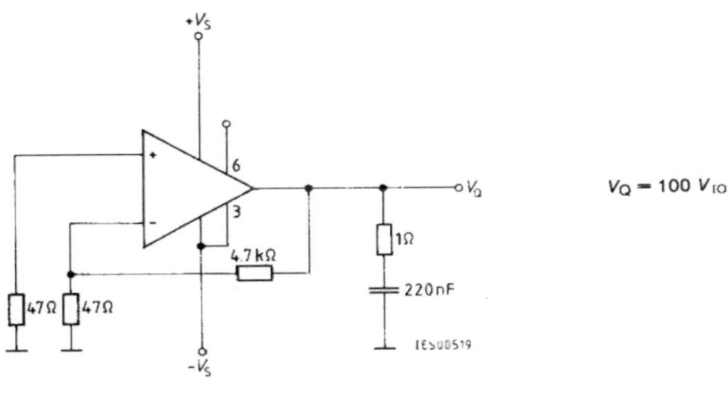

$V_Q = 100\ V_{IO}$

Figure 3
Input Offset Current; Input Current, Temperature Coefficient of I_{IO}

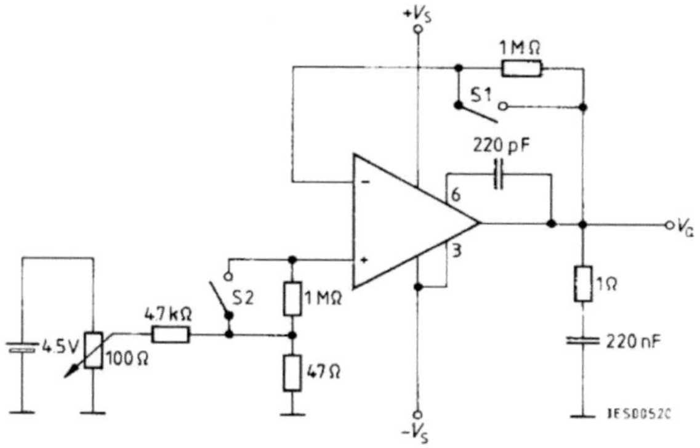

S 1 open – S 2 closed: $I_{I-} = \frac{V_Q}{1\ \text{M}\Omega}$

S 2 open – S 1 closed: $I_{I+} = \frac{V_Q}{1\ \text{M}\Omega}$

S 1 open – S 2 open: $I_{IO} = \frac{V_Q}{1\ \text{M}\Omega}$

S 1 closed – S 2 closed: offset alignment

9

Figure 4
Output Voltage, Input Resistance

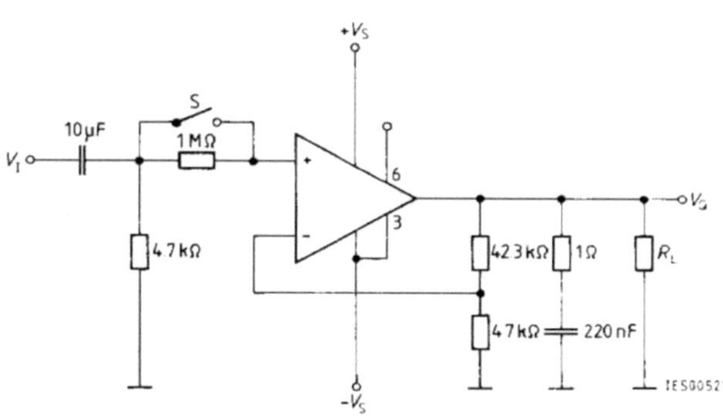

S closed: to measure V_{Opp}
S open/closed: to measure R_I

Figure 5
Open-Loop Voltage Gain

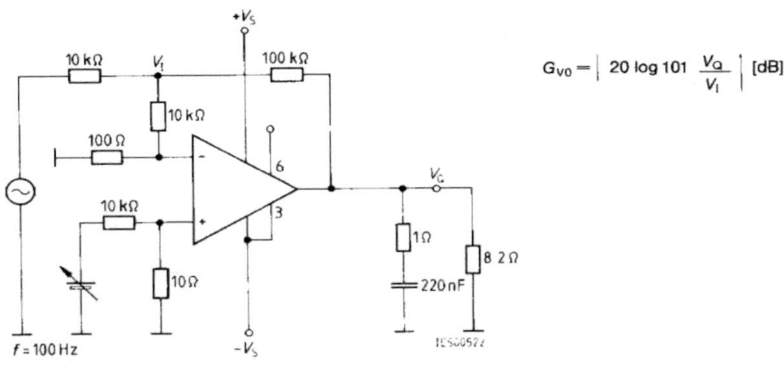

$$G_{VO} = \left| 20 \log 101 \frac{V_Q}{V_I} \right| \text{ [dB]}$$

Figure 6
Common-Mode Voltage Gain G_{VC}
Common-Mode Rejection k_{CMR} (dB) = G_{V0} (dB) – G_{VC} (dB)

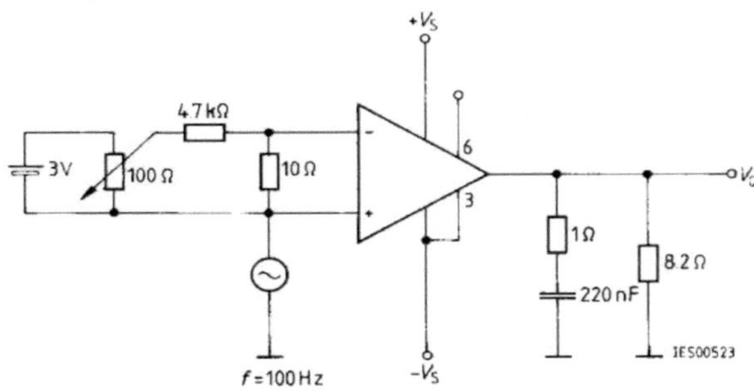

Figure 7
Supply-Voltage Rejection

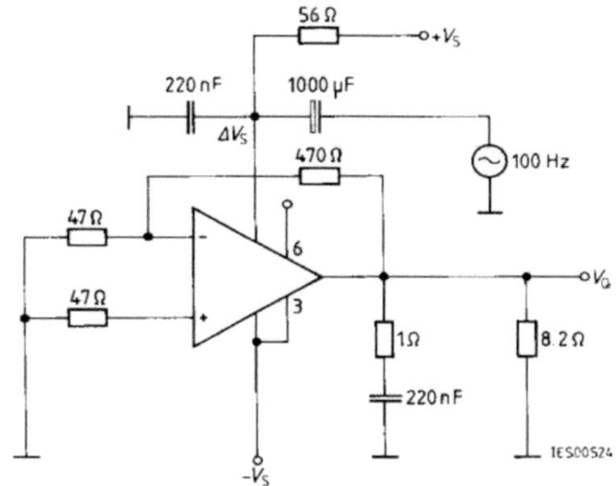

$$k_{SVR} = 20 \log \frac{\Delta V_Q}{G_V \times \Delta V_S} \text{ [dB]}$$

Figure 8
Slew Rate for Non-Inverting Operation

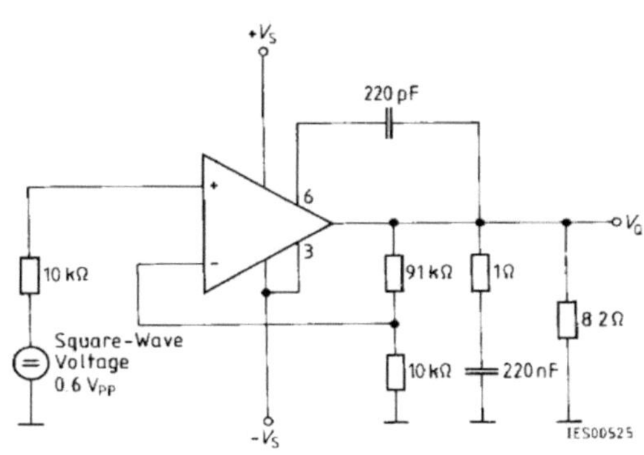

9

Figure 9
Slew Rate for Inverting Operation

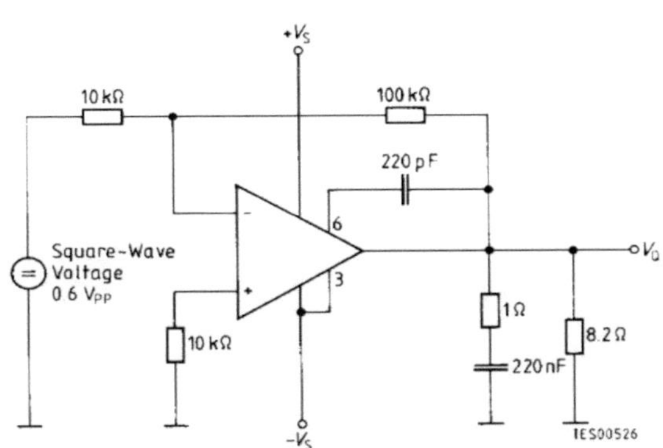

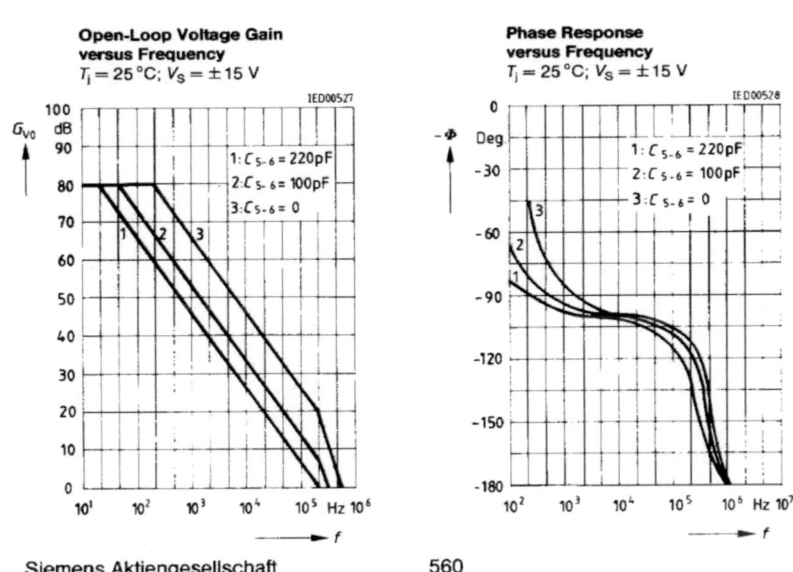

Saturation Voltage versus Output Current
$T_j = 25\,°C$
IED00514
$+V_S - V_Q$ or $-V_S - V_Q$
V
I_Q
A
Common-Mode Rejection versus Case Temperature
IED00513
k_{CMR}
dB
T_j
°C
Safe Operating Area of Output Stage Output Current versus Collector Emitter Voltage
$T_j = 25\,°C$; $V_{CE} = +V_S - V_Q$ or $V_{CE} = -V_S - V_Q$
IED00529
$|I_Q|$
A
V_{CE}
V
Maximum Permissible Power Dissipation versus Case Temperature
IED00507
P_D
W
T_j
°C

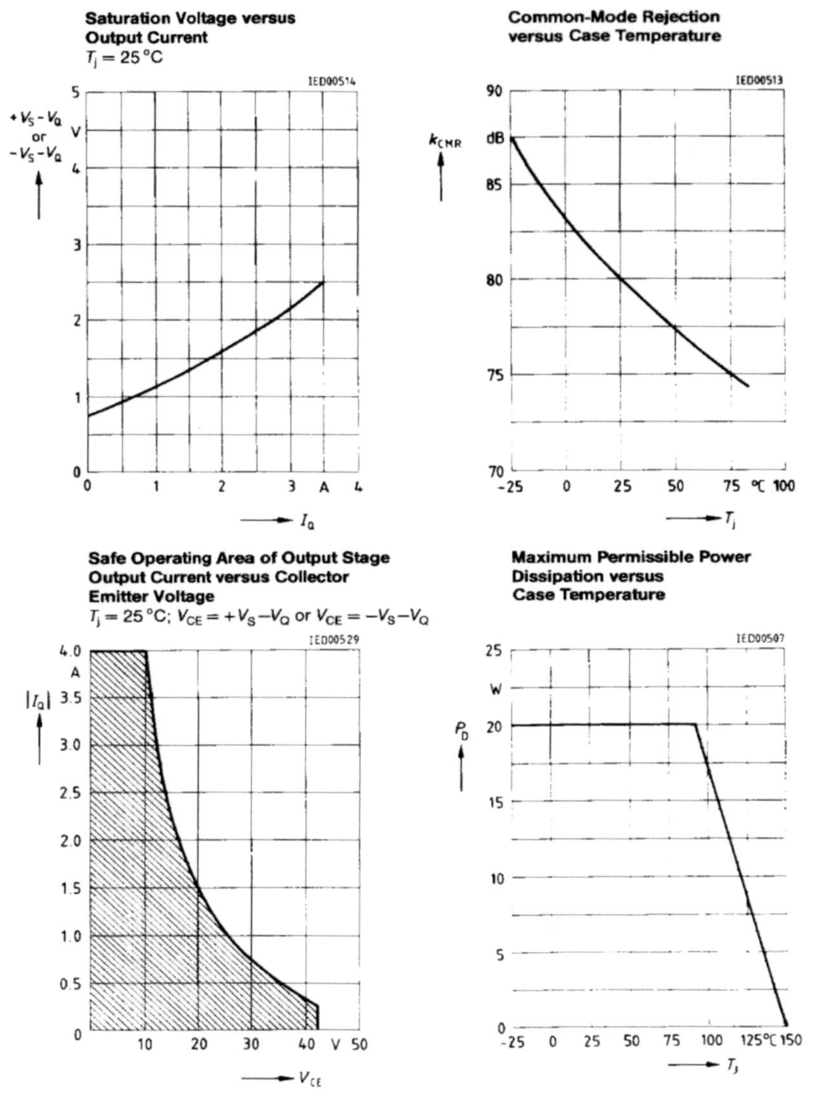

9

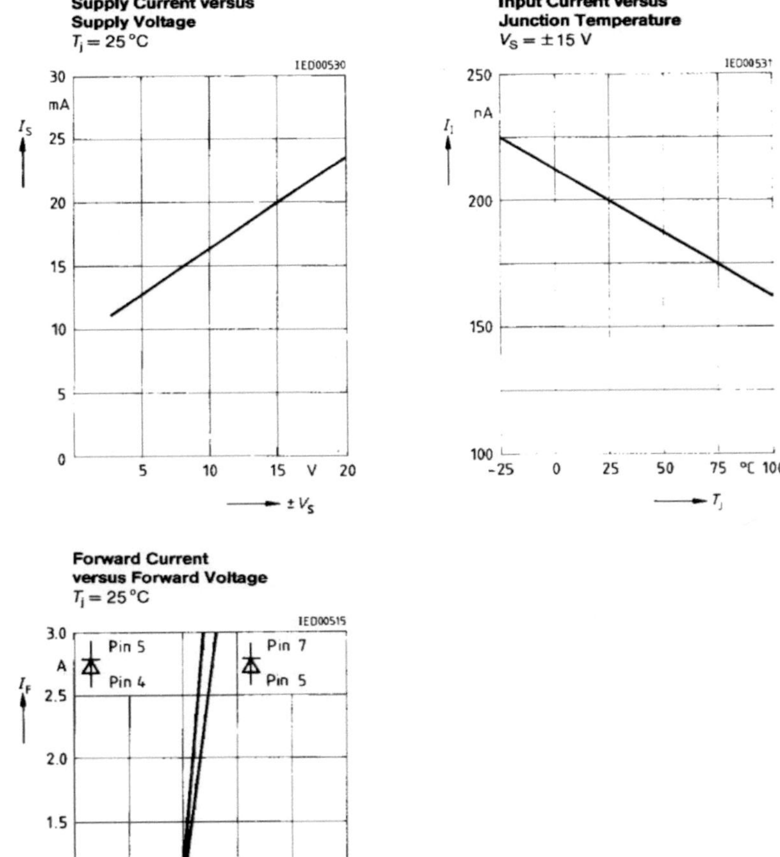

Forward Current
versus Forward Voltage
$T_j = 25\,°C$

IED00515

3.0 A, 2.5, 2.0, 1.5, 1.0, 0.5, 0 — I_F

Pin 5 / Pin 4

Pin 7 / Pin 5

0.5, 1.0, 1.5, 2.0, V 2.5 — V_F

Anhang 5: Referenzspannungsquelle LH0070 National Semiconductors

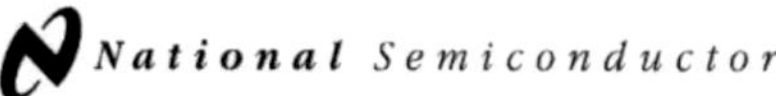

July 1987

LH0070 Series Precision BCD Buffered Reference
LH0071 Series Precision Binary Buffered Reference

General Description

The LH0070 and LH0071 are precision, three terminal, voltage references consisting of a temperature compensated zener diode driven by a current regulator and a buffer amplifier. The devices provide an accurate reference that is virtually independent of input voltage, load current, temperature and time. The LH0070 has a 10.000V nominal output to provide equal step sizes in BCD applications. The LH0071 has a 10.240V nominal output to provide equal step sizes in binary applications.

The output voltage is established by trimming ultra-stable, low temperature drift, thin film resistors under actual operating circuit conditions. The devices are shortcircuit proof in both the current sourcing and sinking directions.

The LH0070 and LH0071 series combine excellent long term stability, ease of application, and low cost, making them ideal choices as reference voltages in precision D to A and A to D systems.

Features

- Accuracy output voltage
  - LH0070 10V ± 0.02%
  - LH0071 10.24V ± 0.02%
- Single supply operation 11.4V to 40V
- Low output impedance 0.2Ω
- Excellent line regulation 0.1 mV/V
- Low zener noise 20 μVp-p
- 3-lead TO-5 (pin compatible with the LM109)
- Short circuit proof
- Low standby current 3 mA

Equivalent Schematic

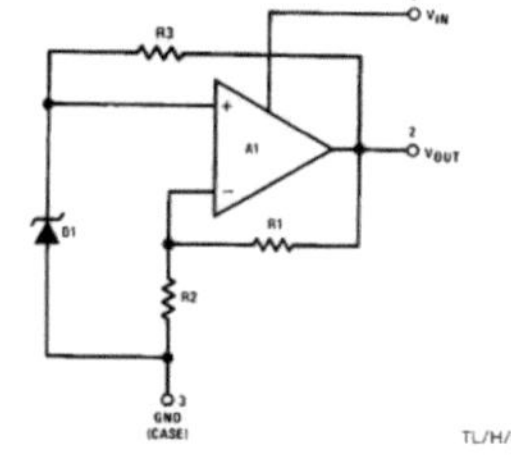

TL/H/5550-1

Connection Diagram

TO-5 Metal Can Package

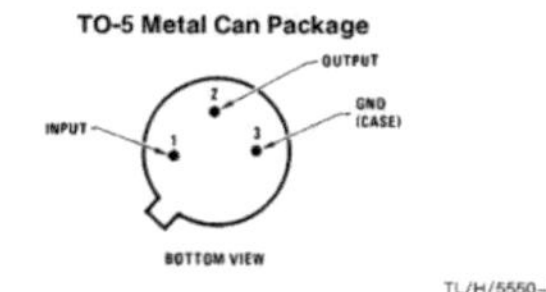

TL/H/5550-7

Order Number LH0070-0H, LH0071-0H, LH0070-1H, LH0071-1H, LH0070-2H or LH0071-2H
See NS Package Number H03B

Typical Applications

Statistical Voltage Standard ***Output Voltage Fine Adjustment**

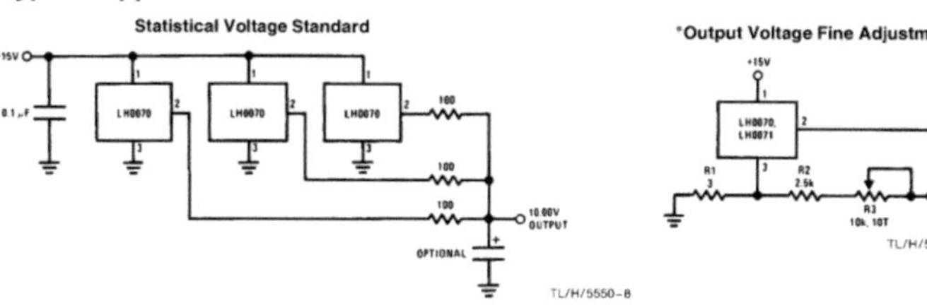

TL/H/5550-8

TL/H/5550-9

***Note:** The output of the LH0070 and LH0071 may be adjusted to a precise voltage by using the above circuit since the supply current of the devices is relatively small and constant with temperature and input voltage. For the circuit shown, supply sensitivities are degraded slightly to 0.01%/V change in V_{OUT} for changes in V_{IN} and V^-.

An additional temperature drift of 0.0001%/°C is added due to the variation of supply current with temperature of the LH0070 and LH0071. Sensitivity to the value of R1, R2 and R3 is less than 0.001%/%.

RRD-B30M115/Printed in U. S. A.

Absolute Maximum Ratings

If Military/Aerospace specified devices are required, please contact the National Semiconductor Sales Office/Distributors for availability and specifications. (Note 4)

Supply Voltage	40V
Power Dissipation (See Curve)	600 mW
Short Circuit Duration	Continuous
Output Current	± 20 mA
Operating Temperature Range	−55°C to +125°C
Storage Temperature Range	−65°C to ±150°C
Lead Temp. (Soldering, 10 seconds)	300°C

Electrical Characteristics (Note 1)

Parameter	Conditions	Min	Typ	Max	Units
Output Voltage LH0070 LH0071	$T_A = 25°C$		 10.000 10.24		 V V
Output Accuracy −0, −1 −2	$T_A = 25°C$		 ±0.03 ±0.02	 ±0.1 ±0.05	 % %
Output Accuracy −0, −1 −2	$T_A = -55°C, 125°C$			 ±0.3 ±0.2	 % %
Output Voltage Change With Temperature −0 −1 −2	(Note 2)		 ±0.02 ±0.01	±0.2 ±0.1 ±0.04	% % %
Line Regulation −0, −1 −2	$13V \leq V_{IN} \leq 33V, T_C = 25°C$		 0.02 0.01	 0.1 0.03	 % %
Input Voltage Range	$R_L = 50\ k\Omega$	11.4		40	V
Load Regulation	$0\ mA \leq I_{OUT} \leq 5\ mA$		0.01	0.03	%
Quiescent Current	$13V \leq V_{IN} \leq 33V, I_{OUT} = 0\ mA$	1	3	5	mA
Change In Quiescent Current	$\Delta V_{IN} = 20V$ From 23V To 33V		0.75	1.5	mA
Output Noise Voltage	BW = 0.1 Hz To 10 Hz, $T_A = 25°C$		20		μVp-p
Ripple Rejection	f = 120 Hz		0.01		%/Vp-p
Output Resistance			0.2	0.6	Ω
Long Term Stability −0, −1 −2	$T_A = 25°C$ (Note 3)			 ±0.2 ±0.05	 %/yr. %/yr.
Thermal Resistance θ_{ja} (Junction to Ambient) θ_{jc} (Junction to Case)	$T_j = 150°C$		 200 100		 °C/W °C/W

Note 1: Unless otherwise specified, these specifications apply for $V_{IN} - 15.0V$, $R_L - 10\ k\Omega$, and over the temperature range of 55°C < T_A < +125°C.

Note 2: This specification is the difference in output voltage measured at $T_A - 85°C$ and $T_A - 25°C$ or $T_A - 25°C$ and $T_A -$ 25°C with readings taken after test chamber and device-under-test stabilization at temperature using a suitable precision voltmeter.

Note 3: This parameter is guaranteed by design and not tested.

Note 4: Refer to the following RETS drawings for military specifications:

RETS0070-0H for LH0070-0H   RETS0071-0H for LH0071-0H
RETS0070-1H for LH0070-1H   RETS0071-1H for LH0071-1H
RETS0070-2H for LH0070-2H   RETS0071-2H for LH0071-2H

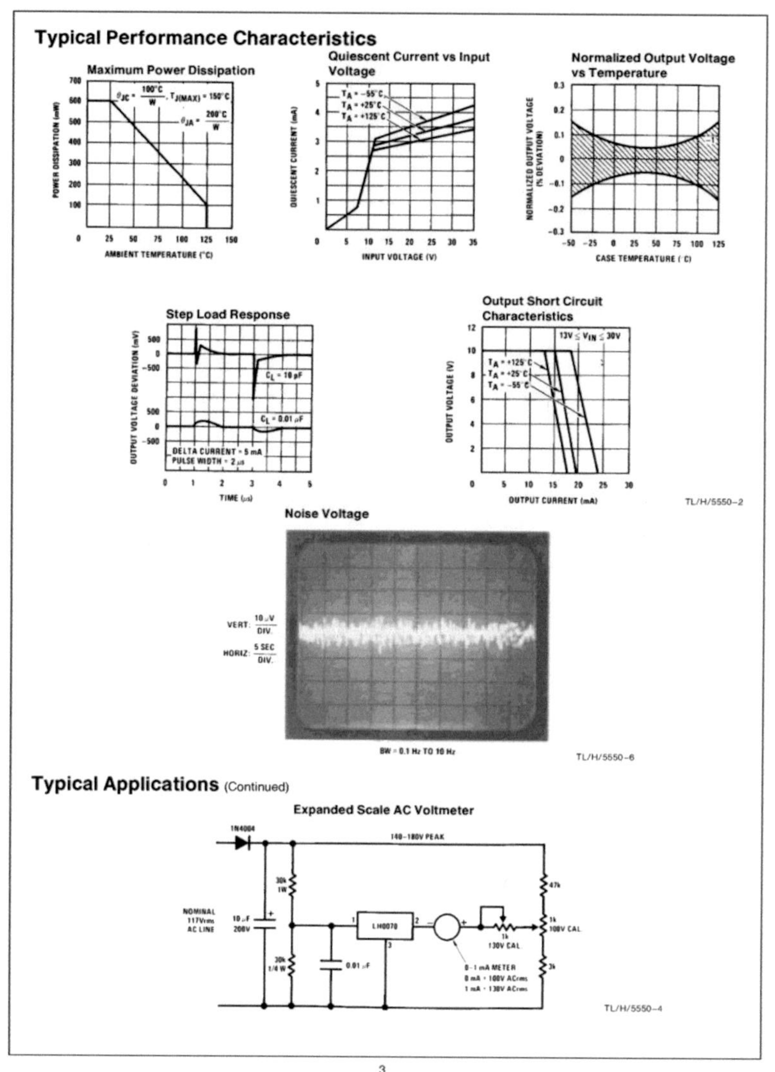

Typical Performance Characteristics
Maximum Power Dissipation
POWER DISSIPATION (mW)
AMBIENT TEMPERATURE (°C)
Quiescent Current vs Input Voltage
QUIESCENT CURRENT (mA)
INPUT VOLTAGE (V)
Normalized Output Voltage vs Temperature
NORMALIZED OUTPUT VOLTAGE (% DEVIATION)
CASE TEMPERATURE (°C)
Step Load Response
OUTPUT VOLTAGE DEVIATION (mV)
DELTA CURRENT = 5 mA
PULSE WIDTH = 2 μs
TIME (μs)
Output Short Circuit Characteristics
13V ≤ VIN ≤ 30V
OUTPUT VOLTAGE (V)
OUTPUT CURRENT (mA)
TL/H/5550–2
Noise Voltage
VERT: 10 μV / DIV.
HORIZ: 5 SEC / DIV.
BW = 0.1 Hz TO 10 Hz
TL/H/5550–6
Typical Applications (Continued)
Expanded Scale AC Voltmeter
1N4004
140–180V PEAK
NOMINAL 117Vrms AC LINE
LH0070
0.01 μF
0–1 mA METER
130V CAL
100V CAL
TL/H/5550–4

Typical Applications (Continued)

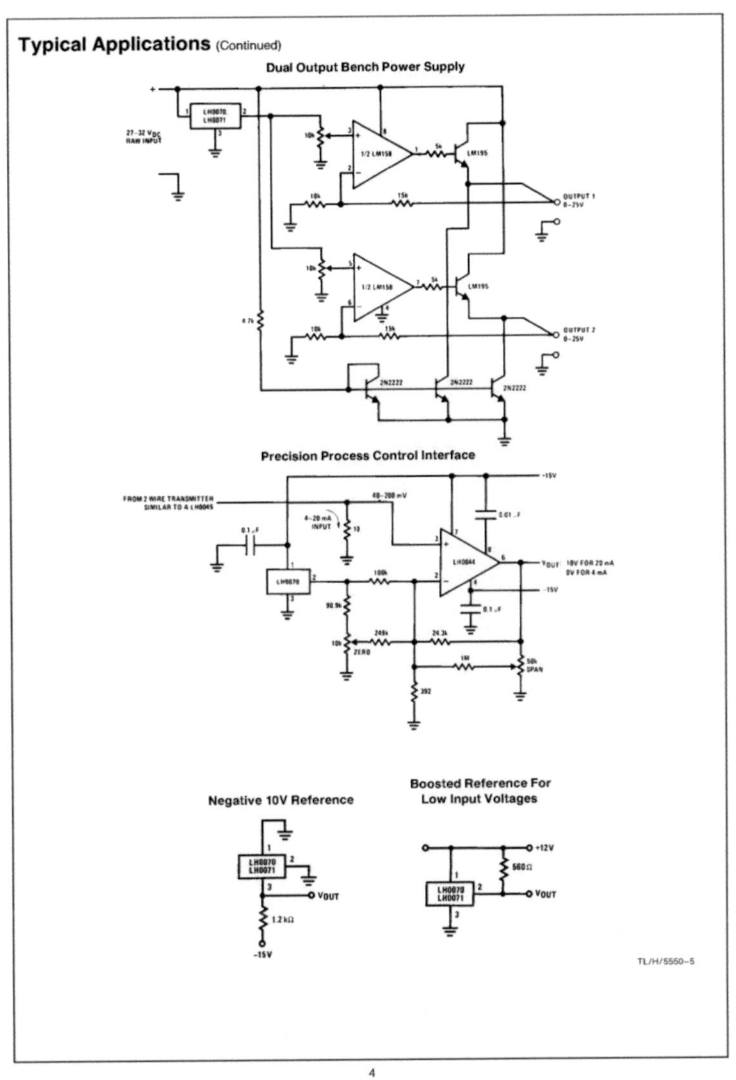

Physical Dimensions inches (millimeters)

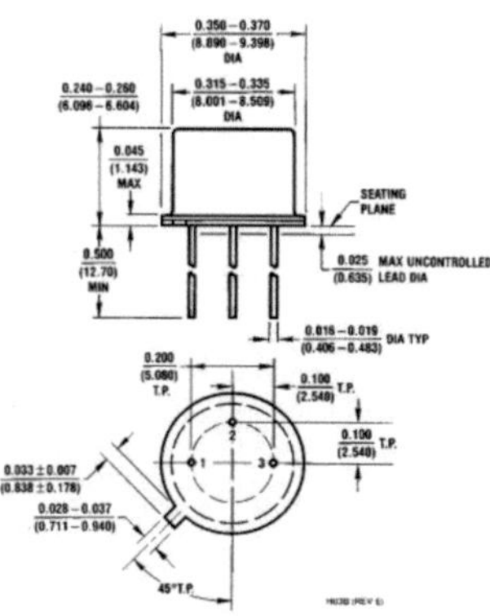

Metal Can Package (H)
Order Number LH0070-0H, LH0071-0H, LH0070-1H, LH0071-1H, LH0070-2H or LH0071-2H
NS Package Number H03B

LIFE SUPPORT POLICY

NATIONAL'S PRODUCTS ARE NOT AUTHORIZED FOR USE AS CRITICAL COMPONENTS IN LIFE SUPPORT DEVICES OR SYSTEMS WITHOUT THE EXPRESS WRITTEN APPROVAL OF THE PRESIDENT OF NATIONAL SEMICONDUCTOR CORPORATION. As used herein:

1. Life support devices or systems are devices or systems which, (a) are intended for surgical implant into the body, or (b) support or sustain life, and whose failure to perform, when properly used in accordance with instructions for use provided in the labeling, can be reasonably expected to result in a significant injury to the user.
2. A critical component is any component of a life support device or system whose failure to perform can be reasonably expected to cause the failure of the life support device or system, or to affect its safety or effectiveness.

National Semiconductor Corporation
1111 West Bardin Road
Arlington, TX 76017
Tel: 1(800) 272-9959
Fax: 1(800) 737-7018

National Semiconductor Europe
Fax: (+49) 0-180-530 85 86
Email: cnjwge@tevm2.nsc.com
Deutsch Tel: (+49) 0-180-530 85 85
English Tel: (+49) 0-180-532 78 32
Français Tel: (+49) 0-180-532 93 58
Italiano Tel: (+49) 0-180-534 16 80

National Semiconductor Hong Kong Ltd.
13th Floor, Straight Block,
Ocean Centre, 5 Canton Rd.
Tsimshatsui, Kowloon
Hong Kong
Tel: (852) 2737-1600
Fax: (852) 2736-9960

National Semiconductor Japan Ltd.
Tel: 81-043-299-2309
Fax: 81-043-299-2408